AF797226

Bibliothek zu den Ingenieurwissenschaften

aus der Sammlung Göschen.

Jedes Bändchen eleg. in Leinwand gebunden **80 Pfennig.**

Das Rechnen in der Technik und seine Hilfsmittel (Rechenschieber, Rechentafeln, Rechenmaschinen usw.) von Ingenieur Joh. Eugen Mayer in Karlsruhe i. B. Mit 30 Abbildungen. Nr. 405.

Materialprüfungswesen. Einführung in die moderne Technik der Materialprüfung von K. Memmler, Diplom-Ingenieur. I: Materialeigenschaften. — Festigkeitsversuche. — Hilfsmittel für Festigkeitsversuche. Mit 58 Figuren. Nr. 311.

Dasselbe. II: Metallprüfung und Prüfung von Hilfsmaterialien des Maschinenbaues. — Baumaterialprüfung. — Papierprüfung. — Schmiermittelprüfung. — Einiges über Metallographie. Mit 31 Figuren. Nr. 312.

Metallographie. Kurze, gemeinfaßliche Darstellung der Lehre von den Metallen und ihren Legierungen, unter besonderer Berücksichtigung der Metallmikroskopie von Prof. E Heyn und Prof. O. Bauer am Königl. Materialprüfungsamt (Groß-Lichterfelde) der Kgl. Technischen Hochschule zu Berlin. I: Allgemeiner Teil. Mit 45 Abbildungen im Text und 5 Lichtbildern auf 3 Tafeln. Nr. 432.

Dasselbe. II: Spezieller Teil Mit 49 Abbildungen im Text und 37 Lichtbildern auf 19 Tafeln. Nr. 433.

Statik. I: Die Grundlehren der Statik starrer Körper von W. Hauber, Diplom-Ingenieur. Mit 82 Figuren. Nr. 178.

Dasselbe. II: Angewandte Statik. Mit 61 Figuren. Nr. 179.

Festigkeitslehre von W. Hauber, Diplom-Ingenieur. Mit 56 Figuren. Nr. 288.

Hydraulik von Diplom-Ingenieur W. Hauber. Mit 44 Figuren. Nr. 397.

Geometrisches Zeichnen von H. Becker, Architekt und Lehrer an der Baugewerkschule in Magdeburg, neu bearbeitet von Professor J. Vonderlinn in Münster. Mit 290 Figuren und 23 Tafeln im Text. Nr. 58.

Schattenkonstruktionen von Professor J. Vonderlinn in Münster. Mit 114 Figuren. Nr. 236.

Parallelperspektive. Rechtwinklige und schiefwinklige Axonometrie von Professor J. Vonderlinn in Münster. Mit 121 Figuren. Nr. 260.

Zentral-Perspektive von Architekt Hans Freyberger, neu bearbeitet von Prof. J. Vonderlinn, Direktor der Kgl. Baugewerkschule in Münster i. W. Mit 132 Figuren. Nr. 57.

Technisches Wörterbuch, enthaltend die wichtigsten Ausdrücke des Maschinenbaues, Schiffbaues und der Elektrotechnik von Erich Krebs in Berlin. I: Deutsch-Englisch. Nr. 395.

Dasselbe. II: Englisch-Deutsch. Nr. 396.

Dasselbe. III: Deutsch-Französisch. Nr. 453.

Maurer- und Steinhauerarbeiten von Prof. Dr. phil. u. Dr.-Ing. Eduard Schmitt in Darmstadt. 3 Bändchen. Mit vielen Abbildungen. Nr. 419—421.

Eisenkonstruktionen im Hochbau. Kurzgefaßtes Handbuch mit Beispielen von Ingenieur Karl Schindler. Mit 115 Figuren. Nr. 322.

Der Eisenbetonbau von Regierungsbaumeister Karl Rößle. Mit 75 Abbildungen. Nr. 349.

Heizung und Lüftung von Ingenieur Johannes Körting. I: Das Wesen und die Berechnung der Heizungs- und Lüftungsanlagen. Mit 34 Figuren. Nr. 342.

Dasselbe. II: Ausführung der Heizungs- und Lüftungsanlagen. Mit 191 Figuren. Nr. 343.

Gas- und Wasserinstallationen mit Einschluß der Abortanlagen von Prof. Dr. phil. u. Dr.-Ing. Eduard Schmitt in Darmstadt. Mit 119 Abbildungen. Nr. 412.

Das Veranschlagen im Hochbau. Kurzgefaßtes Handbuch über das Wesen des Kostenanschlages von Emil Beutinger, Architekt B.D.A., Assistent an der Technischen Hochschule in Darmstadt. Mit 16 Figuren. Nr. 385.

Bauführung von Emil Beutinger, Architekt B D.A., Assistent an der Techn. Hochschule in Darmstadt. Mit 20 Figuren. Nr. 399

Die Baukunst des Schulhauses von Prof. Dr.-Ing. Ernst Vetterlein in Darmstadt. I: Das Schulhaus. Mit 38 Abbildungen. Nr. 443.

Dasselbe. II: Die Schulräume — Die Nebenanlagen. Mit 31 Abbildungen. Nr. 444.

Öffentliche Bade- und Schwimmanstalten von Dr. Carl Wolff, Stadt-Oberbaurat in Hannover. Mit 50 Figuren. Nr. 380.

Die Maschinenelemente. Kurzgefaßtes Lehrbuch mit Beispielen für das Selbststudium und den praktischen Gebrauch von Friedrich Barth, Oberingenieur in Nürnberg. Mit 86 Fig. Nr. 3.

Eisenhüttenkunde von A. Krauß, diplomierter Hütteningenieur. I: Das Roheisen. Mit 17 Figuren und 4 Tafeln. Nr. 152.

Dasselbe. II: Das Schmiedeisen. Mit 25 Figuren und 5 Tafeln. Nr. 153.

Technische Wärmelehre (Thermodynamik) von K. Walther und M. Röttinger, Diplom-Ingenieuren. Mit 54 Figuren. Nr. 242.

Die Dampfmaschine. Kurzgefaßtes Lehrbuch mit Beispielen für das Selbststudium und den praktischen Gebrauch von Friedrich Barth, Oberingenieur in Nürnberg. Mit 48 Figuren. Nr. 8.

Die Dampfkessel. Kurzgefaßtes Lehrbuch mit Beispielen für das Selbststudium und den praktischen Gebrauch von Friedrich Barth, Oberingenieur in Nürnberg. Mit 67 Figuren. Nr. 9.

Die Gaskraftmaschinen. Kurzgefaßte Darstellung der wichtigsten Gasmaschinen-Bauarten von Ingenieur Alfred Kirschke. Mit 55 Figuren. Nr. 316.

Die Dampfturbinen, ihre Wirkungsweise und Konstruktion von Ingenieur Hermann Wilda in Bremen. Mit 89 Abbildungen. Nr. 274.

Die zweckmäßigste Betriebskraft von Friedrich Barth, Oberingenieur in Nürnberg. I: Die mit Dampf betriebenen Motoren nebst 22 Tabellen über ihre Anschaffungs- und Betriebskosten. Mit 14 Abbildungen. Nr. 224.

Dasselbe. II: Verschiedene Motoren nebst 22 Tabellen über ihre Anschaffungs- und Betriebskosten. Mit 29 Abbildungen. Nr. 225.

Wenden!

Die Hebezeuge, ihre Konstruktion und Berechnung von Ingenieur Hermann Wilda, Prof. am staatl. Technikum in Bremen. Mit 399 Abbildungen. Nr. 414.

Pumpen, hydraulische und pneumatische Anlagen. Ein kurzer Überblick von Regierungsbaumeister Rudolf Vogdt, Oberlehrer an der Königlichen höheren Maschinenbauschule in Posen. Mit 59 Abbildungen. Nr. 290.

Die landwirtschaftlichen Maschinen von Karl Walther, Diplom-Ingenieur in Mannheim. 3 Bändchen. Mit vielen Abbild. Nr. 407—409.

Nautik. Kurzer Abriß des täglich an Bord von Handelsschiffen angewandten Teils der Schiffahrtskunde. Von Dr. Franz Schulze, Direktor der Navigationsschule zu Lübeck. Mit 56 Abb. Nr. 84.

Elektrotechnik. Einführung in die moderne Gleich- und Wechselstromtechnik von J. Herrmann, Professor an der Königlich Technischen Hochschule Stuttgart. I: Die physikalischen Grundlagen. Mit 42 Figuren und 10 Tafeln. Nr. 196.

Dasselbe. II: Die Gleichstromtechnik. Mit 103 Figuren u. 16 Tafeln. Nr. 197.

Dasselbe. III: Die Wechselstromtechnik. Mit 109 Figuren. Nr. 198.

Die Gleichstrommaschine von C. Kinzbrunner, Ingenieur und Dozent für Elektrotechnik an der Municipal School of Technology in Manchester. Mit 78 Figuren. Nr. 257.

Das Fernsprechwesen von Dr. Ludwig Rellstab in Berlin. Mit 47 Figuren und 1 Tafel. Nr. 155.

Die elektrische Telegraphie von Dr. Ludwig Rellstab. Mit 19 Figuren. Nr. 172.

Weitere Bände sind in Vorbereitung.

Sammlung Göschen

Die thermodynamischen Grundlagen der Wärmekraft- und Kältemaschinen

Von

M. Röttinger
Diplom-Ingenieur in Mannheim

Mit 73 Figuren

Leipzig
G. J. Göschen'sche Verlagshandlung
1910

Alle Rechte, insbesondere das Übersetzungsrecht,
von der Verlagshandlung vorbehalten

Druck der Spamerschen Buchdruckerei in Leipzig

Inhaltsverzeichnis.

Literaturverzeichnis.

Diesel und Schröter, 2 Vorträge: Diesels rationeller Wärmemotor.

Donath, Über Zug und Kontrolle der Dampfkesselfeuerungen.

Dosch, Die Brennstoffe, Feuerungen und Dampfkessel, ihre Wirtschaftlichkeit und Kontrolle.

Güldner, Das Entwerfen und Berechnen der Verbrennungsmotoren.

Haier, Dampfkesselfeuerungen zur Erzielung einer möglichst rauchfreien Verbrennung.

— Feueruntersuchungen des Vereins für Feuerbetrieb und Rauchbekämpfung in Hamburg.

Hrabák, Hilfsbuch für Dampfmaschinentechniker.

— Theorie und praktische Berechnung der Heißdampfmaschinen.

Josse, Mitteilungen aus dem Maschinenlaboratorium der Kgl. Techn. Hochschule zu Berlin (Abwärme-Kraftmaschinen III. Heft).

Musil, Wärmekraftmaschinen.

Schöttler, Die Gasmaschine.

Schreber, Die Kraftmaschinen.

— Die Mehrstoffdampfmaschinen.

Stodola, Die Dampfturbinen, mit einem Anhang über die Aussichten der Wärmekraftmaschinen und über die Gasturbine.

Zeuner, Technische Thermodynamik.

Göttsche, Die Kältemaschinen.

Heinel, Bau und Betrieb von Kälteerzeugungsmaschinen.

Zeitschriften der (Dampfkessel-)Revisionsvereine.

Zeitschrift des Vereins Deutscher Ingenieure.

Zeitschrift für Kälteindustrie.

Des Ingenieurs Taschenbuch „Hütte“.

Kalender für das Gas- und Wasserfach.

Kalender für Kältetechniker.

Einleitung.

Die Idealmaschine der Thermodynamik.

Die Thermodynamik betrachtet die Umwandlung von Wärme in andere Energiearten, vor allem in mechanische Energie oder Arbeit.

Um zu einfachen Gesetzen zu gelangen, konstruiert sich die Thermodynamik in der Vorstellung eine „ideale Gasmaschine“, bestehend aus einem mit Gas gefüllten Zylinder, der nach einer Seite mit einem beweglichen Kolben abgeschlossen ist (Fig. 1).

Bei geeigneter Abwechslung in den Wärmeverhältnissen entsteht ein in sich geschlossener Prozeß mit Arbeitsabgabe nach außen. Eine Ausnahmestellung nimmt der Carnotsche Kreisprozeß ein:

1. Man denkt sich den Zylinder in ein Wärmereservoir, z. B. ein genügend großes, mit heißer Flüssigkeit gefülltes Gefäß getaucht.

(Isothermische Ausdehnung bei der Temperatur T_1 mit einer Wärmeaufnahme Q_1.)

2. Hierauf umhüllt man mit isolierenden Stoffen und erhält so noch eine weitere Ausdehnung des Gases, wobei Druck und Temperatur sinken.

(Adiabate und Temperaturerniedrigung von T_1 auf T_2.)

3. Das Eintauchen in ein Kühlreservoir mit der Temperatur T_2 bringt den Kolben wieder zur Rückkehr.

(Isotherme bei der Temperatur T_2 mit einer Wärmeabgabe $-Q_2$.)

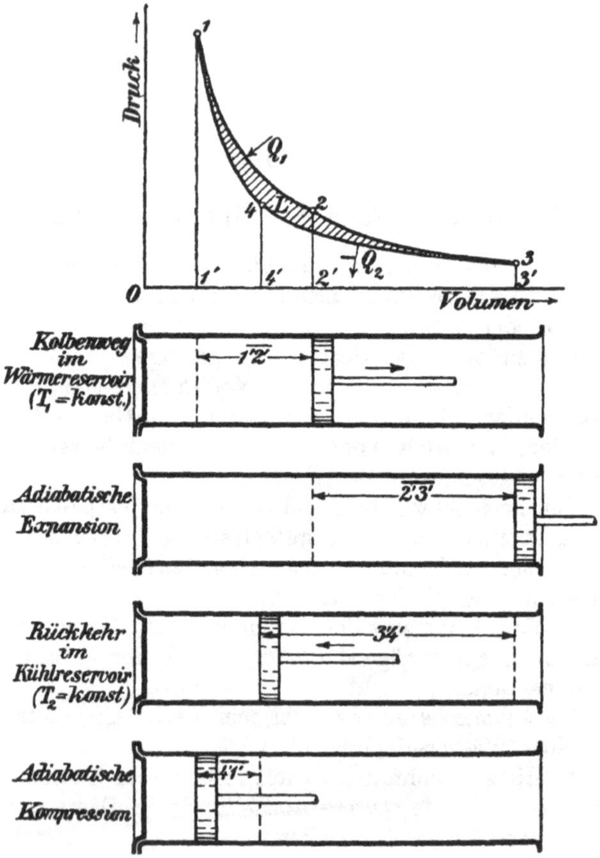

Fig. 1.

4. Die vollständige Rückkehr zur Anfangsstellung erfolgt isoliert.

(Adiabate und Temperaturerhöhung von T_2 auf T_1.)

Da der Prozeß immer von neuem beginnen und so zu dauernder Arbeitsleistung benützt werden kann, haben wir eine Maschine vor uns.

Für eine solche Umsetzung von Wärme in Arbeit sind vor allem zwei Formeln maßgebend:

a) Das Gas hat die Wärme Q_1 bei einer Temperatur T_1 aufgenommen und später die Wärme $-Q_2$ bei einer Temperatur T_2 wieder abgegeben. Da nun während der dazwischenliegenden Prozesse keine Änderungen von außen eintreten, so ist der Unterschied $Q_1 - Q_2$ nach dem I. Hauptsatz der mechanischen Wärmetheorie der gewonnenen Arbeit, mit L_C bezeichnet, gleichzusetzen, indem für jede Wärmeeinheit (WE) immer $A = 424$ mkg entstehen:

$$AL_C = Q_1 - Q_2 .$$

b) Der II. Hauptsatz sagt aus, daß die beiden Wärmemengen sich nach ihrer Größe verhalten, wie die zugehörigen absoluten Temperaturen:

$$\frac{Q_1}{Q_2} = \frac{T_1}{T_2} .$$

Die Ausdrücke $\frac{Q_1}{T_1}$ und $-\frac{Q_2}{T_2}$ werden als „Entropie“-größen bezeichnet.

Wenn man nun allgemein unter „Wirkungsgrad“ einer Maschine das Verhältnis der gewonnenen Arbeit (hier AL_c in WE) zu der Energie versteht, die im ganzen für die Unterhaltung des Prozesses aufzuwenden ist (hier die Wärme Q_1), so muß sich für den Carnotschen Kreisprozeß nach a) und b) die Beziehung ergeben:

$$\eta_{\max} = \frac{AL_C}{Q_1} = \frac{Q_1 - Q_2}{Q_1} = \frac{T_1 - T_2}{T_1} ,$$

in Worten: Die gewonnene Arbeit verhält sich zur aufzuwendenden Wärme wie das Temperaturgefälle $T_1 - T_2$ zu der oberen Temperatur T_1.

Übersichtlich gestalten sich diese Verhältnisse mit Benützung des Wärmediagramms (Fig. 2). Die Größen $\frac{Q_1}{T_1}$ und $-\frac{Q_2}{T_2}$ (Entropie) trägt man als Abszissen auf, wobei zu beachten ist, daß der letztere Wert in negativer Richtung zu messen ist. Als Ordinaten dienen die absoluten Temperaturen T_1 und T_2.

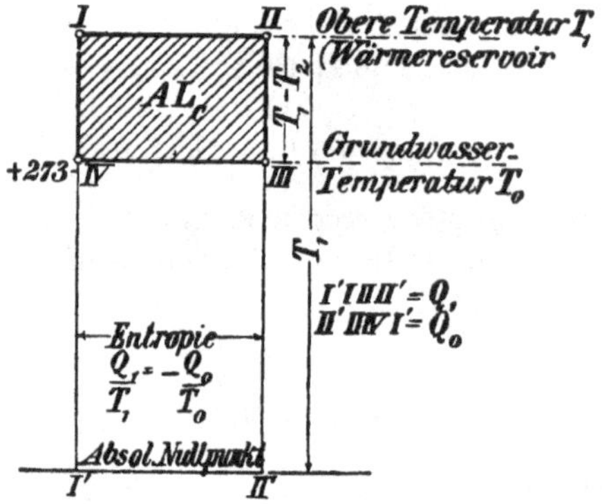

Fig. 2.

In dieser Darstellung erscheinen die Wärmemengen als Flächen, und zwar beim Carnotschen Prozeß als Rechtecke.

Für einen möglichst guten Wirkungsgrad einer solchen Maschine ergibt sich die Forderung einer entsprechend hohen Anfangstemperatur T_1, da die untere Grenze T_2 in der Temperatur der „Umgebung" oder bestenfalls in der „Grundwasser"-Temperatur festgelegt ist. Eine Wärmemaschine ohne Temperaturgefälle kann eine Umsetzung in Arbeit überhaupt nicht liefern. Das Wachsen des Wirkungsgrades sieht man an den Werten der folgenden Tafel:

Wirkungsgrade von Carnotschen Kreisprozessen.

Obere Temperaturen t_1 °C	100°	200°	300°	400°	500°	1000°	2000°	3000°
Kühlwasser $t_2 = 10°$ C	$\eta_{max}=$ 0,24	0,40	0,51	0,58	0,63	0,78	0,84	0,91

Temperaturen, die tiefer als die genannte Grenze liegen, werden nur mit Arbeitsaufwand erzeugt, und zwar in einer Maschine, die den Kreisprozeß in umgekehrter Richtung durchläuft und einem Körper Wärme entzieht; nur so bleibt dessen Temperatur ständig auf einem tieferen Niveau (Kältemaschine).

Eine Bedeutung nun erlangt die ideale Gasmaschine dadurch, daß man sie zum Vergleich der ausgeführten Wärmekraftmaschinen heranzieht.

Auch für die am Schlusse betrachteten Kältemaschinen kann der umgekehrte Carnotsche Prozeß als Idealprozeß gelten.

Die Wärmekraftmaschinen.

Die ausgeführten Wärmekraftmaschinen bilden vornehmlich zwei Gruppen, die sich durch die Natur der arbeitenden Körper unterscheiden.

Es sind einmal die mit Dampf betriebenen Maschinen, bei denen fast durchweg die auf Wasserdampf übertragene

Wärme arbeitet: die Kolbendampfmaschinen und die Dampfturbinen.

Anderer Art sind die Verbrennungskraftmaschinen. Die Verbrennungsprodukte eines Gases oder einer brennbaren Flüssigkeit leisten im Zylinder selbst Arbeit. Unter ihnen nimmt der Dieselmotor auf Grund seiner Arbeitsweise eine besondere Stellung ein.

Weitere Wärmekraftmaschinen, wie z. B. die Heißluftmaschinen, getrieben mit erwärmter Luft, können wir unberücksichtigt lassen.

I. Die Dampfmaschinen.

Eine Dampfmaschinenanlage besteht aus mehreren Hauptteilen: Der Dampf wird in einem mit einer Feuerung versehenen Kessel aus seiner Flüssigkeit, dem Wasser, erzeugt und mit einer gewissen Spannung der eigentlichen Dampfmaschine zugeleitet. Hier leistet er Arbeit entweder in einem Zylinder durch Bewegen eines Kolbens oder in der Dampfturbine durch sofortige Umsetzung der Strömungsenergie in drehende Bewegung.

Die ursprünglich vorhandene Energie ist im Brennmaterial chemisch gebunden und wird in der Feuerung als Wärme frei. Gemessen wird die in dem Brennstoff enthaltene Energie in Wärmeform, als Heizwert für 1 kg Brennstoff mit h bezeichnet.

Die gelieferte mechanische Arbeit kann an der Maschinenwelle als nutzbare (effektive) Arbeit L'_e abgenommen werden. Im Beharrungszustande, d. h. bei gleichbleibender Leistung, entstehen für jedes verfeuerte Kilogramm Brennstoff schließlich nur AL'_e WE.

Der gesamte Wirkungsgrad der Anlage (auch wirtschaftlicher Wirkungsgrad nach Grashof) ist ausgedrückt durch das Verhältnis der gewonnenen Arbeit zur ursprünglichen Energie:

$$\eta_w = \frac{A L'_e}{h}.$$

Diese Umsetzung verläuft in verschiedenen Phasen, die man für sich betrachten kann.

Vor allem ist die Leistung des Dampfkessels von dem Arbeitsprozeß in der eigentlichen Maschine abzutrennen. Einmal angeheizt, ist es Aufgabe des Kessels, immer Dampf von derselben Beschaffenheit zu liefern. Wir haben für Heizanlage und Kessel einen eigenen Wirkungsgrad:

$$\eta_h = \frac{Q'}{h},$$

wenn wir unter Q' die Wärmemenge verstehen, welche dem erzeugten Dampf von 1 kg Brennstoff mitgeteilt wurde.

In der Dampfleitung geht ein Teil dieses Wärmegehaltes verloren, so daß eine etwas geringere Wärme Q'_i zur Arbeitsübertragung im Innern der Maschine herangezogen wird.

Die eigentliche Maschine vollführt einen Umsetzungsprozeß mit einem thermischen Wirkungsgrad:

$$\eta_t = \frac{A L'_i}{Q'_i},$$

wenn mit L'_i die sog. indizierte Arbeit, natürlich ebenfalls bezogen auf 1 kg verfeuerten Brennstoff, bezeichnet wird.

Bei der Kolbendampfmaschine z. B. vermindert sich diese, direkt auf den Kolben übertragene Arbeit durch Reibung und Widerstände in der Maschine, so daß wir zuletzt an der Welle eine kleinere nutzbare Arbeit erhalten mit einem mechanischen Wirkungsgrad:

$$\eta_m = \frac{[A] L_e'}{[A] L_i'}.$$

Der Gesamtwirkungsgrad η_w ist ein Produkt sämtlicher Wirkungsgrade:

$$\eta_w = \frac{Q'}{h} \cdot \left(\frac{Q_i'}{Q'}\right) \cdot \frac{A L_i'}{Q_i'} \cdot \frac{A L_e'}{A L_i'} = \frac{A L_e'}{h},$$

wofür wir auch

$$\eta_w = \eta_h \cdot \left(\frac{Q_i'}{Q'}\right) \cdot \eta_t \cdot \eta_m$$

schreiben können.

Der Verlust in der Dampfleitung wird um so geringer, je näher die Maschine am Kessel steht, so daß im günstigsten Falle $Q' = Q_i'$ gesetzt werden könnte. In den meisten Fällen beträgt der Verlust nur wenige Prozente.

Der mechanische Wirkungsgrad ist hauptsächlich von der praktischen Ausführung abhängig und erreicht bei modernen Maschinen gute Werte ($\eta_m = 0{,}75$ bis $0{,}85$, oft noch höher).

Dagegen haben wir Kessel und Maschine noch einer näheren Betrachtung zu unterziehen. Ihre Wirkungsgrade liegen in der Natur der verfeuerten Brennstoffe und des arbeitenden Körpers, des Wasserdampfes, begründet.

Es ist als ein Hauptverdienst der Thermodynamik anzusehen, hier mit wissenschaftlicher Strenge Verluste aufzudecken und zu Verbesserungen anzuregen.

A. Bestimmung der Wärmeverluste einer Dampfkesselanlage.

Die Zweckmäßigkeit einer Dampfkesselanlage liegt in ihrer Konstruktion, d. h. die Feuerung muß den Eigenschaften des verwendeten Brennstoffes angepaßt sein, die Wärmeausnützung ist eine Eigentümlichkeit des gewählten Kesselsystems.

Für uns handelt es sich jetzt darum, für eine fertige Anlage und bei einem Betrieb, der den vorhandenen Verhältnissen angepaßt ist, den Wirkungsgrad festzustellen.

Durch einen Leistungsversuch haben wir das in einer gewissen Zeit verdampfte Wasser und die gleichzeitig verfeuerte Brennstoffmenge zu bestimmen. Um nun die Ausnützung feststellen zu können und um einen vergleichenden Einblick für verschiedene Verhältnisse zu gewinnen, gehen wir in aller Kürze auf die wissenschaftlichen Grundlagen zur Beurteilung eines solchen Versuches zurück, wie sie vor allem in den „Normen*) für Leistungsversuche an Dampfkesseln und Dampfmaschinen“ aufgestellt sind.

Die verfeuerten Brennstoffarten.

Bei einem Dampfkessel werden meist feste Brennstoffe verfeuert, von denen Holz, Torf, Braunkohle und Steinkohle in der Natur vorkommen.

Weitere Produkte sind Koks (Destillationsrückstand) und Briketts (feingemahlene Kohle zu Stücken gepreßt).

Abgesehen von den mineralischen Bestandteilen, die bei der Verbrennung als Asche zurückbleiben, sind alle diese Brennstoffe aus hauptsächlich drei Elementen aufgebaut:

*) Aufgenommen in der „Hütte“, Taschenbuch.

1. Kohlenstoff C, 2. Wasserstoff H, 3. Sauerstoff O; in geringer Menge Stickstoff N und Schwefel S.

Die Methoden der chemischen Analyse geben uns die Mittel, einmal für die Zusammensetzung aus den Elementarbestandteilen Zahlenwerte zu finden, des weiteren aber auch aus dem Verhalten der Brennstoffe bei der Untersuchung Rückschlüsse und Vergleiche für die Verwendung im großen zu ziehen.

Untersuchung der festen Brennstoffe.

1. Die Probenahme.

Da die chemische Analyse sich nur auf einen Bruchteil des verfeuerten Brennstoffes erstrecken kann, da ferner das Material selbst sehr wechselnd und mit nicht brennbaren Substanzen durchsetzt ist, so muß besonderes Augenmerk auf das Erhalten einer wirklichen „Durchschnittsprobe" gerichtet werden.

(Vgl. die in den Normen gegebenen Regeln.)

2. Die Rohanalyse.

a) Die Wasser- und Aschebestimmung.

Je nach Lagerung, Witterungsverhältnissen usw. wird sich in dem Brennstoff verschiedene Feuchtigkeit nachweisen lassen. Der Gleichmäßigkeit halber werden die Untersuchungen für das lufttrockene Material ausgeführt. Man läßt die Durchschnittsprobe volle zwei Tage an trockener Luft liegen, der entstehende Gewichtsverlust kann als „grobe Feuchtigkeit" bezeichnet werden.

Auch das lufttrockene Material enthält noch „hygroskopisches" Wasser, dessen Bestimmung sich durch den Gewichtsverlust einer abgewogenen Menge nach vollständigem Trocknen ergibt.

Den Aschengehalt findet man durch eine bis zur Veraschung geführte Verbrennung und Wägen des Restes.

Sollen jedoch diese Untersuchungen vergleichenden Wert erhalten, so müssen sie immer nach bestimmten chemisch-technischen Regeln ausgeführt werden; angewandt wird jeweils ein Gramm pulverisierter Brennstoff, mit Sorgfalt aus der Durchschnittsprobe gewonnen.

b) Die Verkokungsprobe.

Erhitzt man 1 g Brennstoff in einem zugedeckten Platintiegel, also unter Luftabschluß, so bildet sich Koks: Die flüchtigen Substanzen entweichen und verbrennen erst am Deckelrand, während der übrige „Koksrückstand" sich zwar zum Glühen erhitzt hat, aber nach dem Erkalten noch verbrennliche Stoffe enthält. Beim Koksrückstand wird die Asche mitgewogen; zieht man ihren Wert ab, so erhält man den „fixen" Kohlenstoff.

3. Die Elementaranalyse.

Für eine zahlenmäßige Ermittlung der Zusammensetzung aus den Elementen dienen die dem Chemiker geläufigen Methoden der Elementaranalyse.

Kohlenstoff und Wasserstoff werden gleichzeitig durch Verbrennen einer kleinen Menge Brennstoff in darüber geleitetem, reinem und trockenem Sauerstoff bestimmt. Um sicher vollkommene Verbrennung zu erhalten, werden die Verbrennungsgase in einer schwer schmelzbaren Glasröhre, die mit glühendem Kupferoxyd gefüllt ist, fortgeleitet. Eine kleine Füllung Bleichromat entfernt die Schwefelverbindungen. Die aufgefangenen Verbrennungsprodukte ergeben durch Umrechnung die Elementarbestandteile.

Der Schwefel wird, wenn nötig, getrennt bestimmt, der Stickstoff in den seltensten Fällen. Sauerstoff- und Stickstoffgehalt bilden gewöhnlich die an 100 Gewichtsteilen fehlende Differenz.

Die Zusammensetzung der festen Brennstoffe.

Zum Vergleich der Brennstoffe wird es von Interesse sein, einige mit den angedeuteten Untersuchungsmethoden erhaltene Mittelwerte anzuführen.

Zusammensetzung fester Brennstoffe.

In 100 Gewichtsteilen aschefreier Substanz	C	H	O
Zellulose $C_6H_{10}O_5$	44,4	6,2	49,4
Holz	50	6	44
Torf.	60	6	34
Braunkohle	65	6	29
Steinkohle:			
Flammkohle	80	5	15
Gaskohle	85	5	10
Kokskohle	90	4,5	5,5
Anthrazit	93	4	3

Neben anderen Gründen deuten schon die Zahlenwerte auf eine den festen Brennstoffen gemeinsame Herkunft hin.

Das Holz der Pflanze wird vor unseren Augen unter Verwertung der Energie, die in den Sonnenstrahlen zu uns kommt, organisch aufgebaut (Aufspeicherung von Energie).

Der Torf entsteht durch Verfaulen von Sumpfpflanzen.

Weit fortgeschrittene Vermoderungsprodukte untergegangener Pflanzenwelten sind die Kohlenarten. Mit dem Alter nimmt der Sauerstoffgehalt ab, der Kohlenstoffgehalt zu. Die älteste Steinkohle, der Anthrazit, enthält nur ganz wenig flüchtige Bestandteile und kommt dem reinen Kohlenstoff sehr nahe.

Wie sich diese Verhältnisse in der Feuerung bemerkbar machen, geht aus einer anderen Benennung von Steinkohlenarten hervor.

Eigenschaften und geologisches Alter.

Kohlensorte	Aussehen des Koksrückstandes	Koksausbeute v. H.
Gasreiche Sandkohle (jung)	pulverförmig	50—55
„ Sinterkohle	zerklüftet	55—60
„ Backkohle	geschmolzen bis kompakt	60—68
Gasarme Backkohle		68—74
„ Sinterkohle	wenig zerklüftet	74—82
„ Sandkohle (alt) (Anthrazit)	pulverförmig	82—92

Z. B. eine für Dampfkesselfeuerungen ausgezeichnete Kohle wird man unter den gasarmen Kohlen zu suchen haben (hochwertige, teure Kohle). Die unerwünschte Rußbildung macht sich bei den gas- und wasserreichen Sorten bemerkbar, während der kohlenstoffreiche Anthrazit sofort wegen des hohen Preises ausscheidet.

Natürlich sind für die wirkliche Verwendung immer die lokalen Preisverhältnisse maßgebend.

Die Verbrennung nebst chemischen Beziehungen.

Die Verbrennung ist ein chemischer Vorgang, der nach außen durch Energieentwicklung in Form von Wärme (und Licht) kenntlich wird und in einem gasförmigen Mittel, bei einer Feuerung: Luft, vor sich geht. Wir wissen aber, daß allein der Sauerstoff die Verbrennung unterhält, während der unbeteiligte Stickstoff als Ballast miterwärmt werden muß.

Zusammensetzung der Luft	Gewichtsteile	Raumteile
Sauerstoff	23,2 v. H.	21 v. H.
Stickstoff (und andere Gase)	76,8 „ „	79 „ „
	100,0	100,0

Die Verbrennungsprodukte aller Brennstoffe, mögen diese noch so komplizierte aus den Elementen aufgebaute Verbindungen darstellen, sind bei vollkommener Verbrennung folgende einfachen Sauerstoffverbindungen:

1. Kohlendioxyd oder Kohlensäure CO_2,
2. Wasserdampf H_2O

und bei etwaigem Schwefelgehalt

3. Schwefeldioxyd SO_2.

Bei unvollkommener Verbrennung, d. h. bei zu geringer Luftzufuhr, entsteht außerdem das an Sauerstoff ärmere Kohlenoxyd CO.

Für Kohlenstoff gelten die Verbrennungsgleichungen:

a) bei vollkommener Verbrennung:

$$\underset{12\,g}{C} + \underset{\substack{32\,g \\ 1\,\text{Volum}}}{O_2} = \underset{\substack{44\,g \\ 1\,\text{Volum}}}{CO_2} \qquad +97 \text{ WE}$$

b) bei unvollkommener Verbrennung:

$$\underset{12\,g}{C} + \underset{\substack{16\,g \\ 1/2\,\text{Volum}}}{1/2\, O_2} = \underset{\substack{28\,g \\ 1\,\text{Volum}}}{CO} \qquad +29{,}3 \text{ WE}$$

Aus den angeführten Raumbeziehungen ergibt sich die Folgerung, daß bei vollkommener Verbrennung von Kohlenstoff in Luft in je 100 cbm verbrauchter Luft 21 cbm Kohlensäure entstehen.

Gewichte von Gasen (Dämpfen).

Gas (Dampf)	Chem. Zeichen	Gas-dichte ($O_2 = 32$)	Gewicht von 1 cbm (unter norm. Bed.) in kg	Spez. Gew. (Luft = 1)	Spez. Gew. ($H_2 = 1$)
Kohlenoxyd	CO	28	1,251	0,968	13,9
Kohlensäure	CO_2	44	1,965	1,52	21,9
Luft	—	28,954	1,293	1,00	14,4
Sauerstoff	O_2	32	1,429	1,105	15,9
Schwefeldioxyd . . .	SO_2	64,06	2,862	2,21	31,8
Stickstoff (rein) . . .	N_2	28,08	1,251	0,968	13,9
Stickstoff der Luft . (einschl. Argon usw.)	—	28,15	1,257	0,972	14,0
Wasserdampf	H_2O	18,01	0,804	0,622	8,95
Wasserstoff	H_2	2,013	0,090	0,069	1,00

Das absolute, in 1 cbm Kohlensäure enthaltene Kohlenstoffgewicht berechnet sich nach dieser Gasgewichtstafel folgendermaßen:

1 cbm CO_2	wiegt . .	1,965 kg
1 „ O_2	„ . .	1,429 „
Gewichtsunterschied:		0,536 kg

oder in 1 cbm Kohlensäure sind bei Normalbedingungen immer 0,536 kg Kohlenstoff enthalten.

Bei der Verbrennung des Wasserstoffes:

$$\underset{\text{2 Volume}}{\overset{4\,g}{2\,H_2}} + \underset{\text{1 Volum}}{\overset{32\,g}{O_2}} = \underset{\text{2 Volume}}{\overset{36\,g}{2\,H_2O}}\ (\text{Dampf}) \quad + 2 \times 58\ \text{WE}$$

verdichten sich 2 cbm Wasserstoff und 1 cbm Sauerstoff zu 2 cbm Wasserdampf.

Wenn nun ein Brennstoff aus

C	Gew.-Proz.	Kohlenstoff	zusammen 100 Gew.-Teilen
H	„ „	Wasserstoff	
$O + N$	„ „	Sauerstoff u. Stickstoff	
S	„ „	Schwefel	
A	„ „	Asche	
W	„ „	hygr. Wasser	

besteht, so wird er auch in ganz trockenem Zustande nach Entweichen des hygroskopischen Wassers immer noch Wasserstoff und Sauerstoff enthalten, die erst bei der Verbrennung als Wasserdampf zum Vorschein kommen. Denken wir uns den im Brennstoff enthaltenen Sauerstoff mit der entsprechenden Wasserstoffmenge zu „chemisch gebundenem" Wasser vereinigt, dann können wir unter „disponiblem" Wasserstoff $\left(H - \frac{O + N}{8}\right)$ den noch übrigen Wasserstoff verstehen, der sich zur Verbrennung den Sauerstoff aus der Luft nehmen muß.

Der Heizwert der Brennstoffe.

Der Heizwert eines Brennstoffes oder die Anzahl Wärmeeinheiten, die bei der Verbrennung von 1 kg in Freiheit gesetzt werden, ist von Fall zu Fall kalorimetrisch*) zu ermitteln.

Verbrennungswärmen.

Elemente	Verbrennungsprodukte	Verbrennungswärmen nach dem Molekulargewicht	Heizwerte (Verbrennungswärmen für 1 kg)
Kohlenstoff C	Kohlenoxyd CO	29,3 WE für 12 g	2440 WE für 1 kg
„ C	Kohlensäure CO_2	97 „ „ 12 g	8100 „ „ 1 kg
Wasserstoff H	Wasserdampf H_2O	58 „ „ 2 g	29000 „ „ 1 kg
Schwefel S	Schwefeldioxyd SO_2	7,11 „ „ 32 g	2220 „ „ 1 kg

*) S. G.: Techn.-chemische Analyse.

Mit guter Übereinstimmung und zur beiläufigen Kontrolle kann der Heizwert auch aus der chemischen Zusammensetzung berechnet werden. Die Verbrennungswärmen der Elemente sind nach dieser Tafel bekannt. Nach einer von Dulong gegebenen Erfahrungsregel addieren wir die Einzelwerte:

Zusammensetzung		Heizwertanteile	
$\frac{C}{100}$	kg Kohlenstoff	$+ \; 8100 \cdot \frac{C}{100}$	WE
$\frac{H}{100}$	„ Wasserstoff	$+29000 \cdot \frac{H - \frac{O+N}{8}}{100}$	„
$\frac{O+N}{100}$	„ Sauerstoff und Stickstoff	—	
$\frac{S}{100}$	„ Schwefel	$+ \; 2500 \cdot \frac{S}{100}$	„
$\frac{A}{100}$	„ Asche	—	
$\frac{W}{100}$	„ hygr. Wasser	$- \; 600 \cdot \frac{W}{100}$	„
1 kg Kohle		h WE	

Da das hygroskopische Wasser eine Feuerung in Dampfform verläßt, so ist seine Erzeugungswärme für 1 kg [T. W.*), Anhang] mit rund 600 WE abzuziehen.

Der Ausdruck für den „unteren" Heizwert

$$h = 81\,C + 290\left(H - \frac{O+N}{8}\right) + 25\,S - 6\,W$$

*) S. G.: Technische Wärmelehre.

wird auch „Verbandsformel“ genannt und weicht für Steinkohle wenig von dem kalorimetrischen Wert ab.

Die zur Verbrennung nötige Luftmenge.

Die Zusammensetzung von 1 kg Brennstoff sei bekannt.

Wenn nun

12 kg Kohlenstoff 32 kg Sauerstoff brauchen,

so brauchen

$\frac{C}{100}$ kg Kohlenstoff $\frac{8}{3}\frac{C}{100}$ kg Sauerstoff,

ebenso

$\frac{H}{100}$ kg Wasserstoff $8\frac{H}{100}$ kg Sauerstoff,

und

$\frac{S}{100}$ kg Schwefel $\frac{S}{100}$ kg Sauerstoff.

Die insgesamt benötigte Sauerstoffmenge

$$\frac{8}{3}\cdot\frac{C}{100}+8\frac{H}{100}+\frac{S}{100}-\frac{O+N}{100}\ \text{kg}$$

ist in einer Luftmenge von

$$\left(\frac{8}{3}\frac{C}{100}+8\frac{H}{100}+\frac{S}{100}-\frac{O+N}{100}\right)\frac{100}{23{,}2}\ \text{kg}$$

enthalten.

Diese theoretisch geringstmögliche Luftmenge für 1 kg Brennstoff:

$$L_{\min}=\frac{\frac{8}{3}C+8H+S-(O+N)}{23{,}2}\ \text{kg}$$

nimmt einen Raum ein von

$$(V)_{L_{\min}} = \frac{\frac{8}{3}C + 8H + S - (O + N)}{23{,}2 \cdot 1{,}293}$$

$$= \frac{\frac{8}{3}C + 8H + S - (O + N)}{30} \text{ cbm},$$

unter normalen Bedingungen.

Es ergeben sich für einzelne Brennstoffe die Werte:

Trocknes Holz:	rd.	5	cbm Luft für 1 kg Brennstoff,
Trockner Torf:	„	6	„ „ „ 1 „ „
Braunkohle:	„	7	„ „ „ 1 „ „
Mittl. Steinkohle:	„	8—8,5	„ „ „ 1 „ „

je nach der Zusammensetzung. Für die wirkliche Verbrennung ändern sich die Verhältnisse wegen des Gas- und Wassergehaltes.

Da jede Verbrennung praktisch mit Luftüberschuß vor sich gehen muß, ist die in einer Feuerung erforderliche Luftmenge bedeutend größer, z. B. für einen mit mittlerer Kohle geheizten Dampfkessel ungefähr doppelt so groß (Überschußkoeffizient), für die anderen Brennstoffe meist noch viel größer.

Die Rauchgasanalyse.

Zur Beurteilung dieser Verhältnisse dient die Rauchgasanalyse, ausgeführt mit den in der Technisch-chemischen Analyse (S. G.) beschriebenen Apparaten.

Das zur Messung genommene Volumen Verbrennungsgas ist 100 ccm. Diese Menge wird vor allem auf ihren Kohlensäure- und Sauerstoffgehalt untersucht. Bei unvollkommener Verbrennung findet sich auch Kohlenoxyd.

Werte einer Rauchgasanalyse nach vollkommener Verbrennung:

k v. H. Kohlensäure
o v. H. Sauerstoff
n v. H. Stickstoff

$$k + o + n = 100 \text{ ccm.}$$

Der theoretisch größtmögliche Kohlensäuregehalt:

$$k_{max} + n = 100$$

ist für reinen Kohlenstoff mit $k_{max} = 21$ Vol.-Proz. gegeben.

Bei Brennstoffen mit Wasserstoffgehalt wächst der Stickstoff im Verbrennungsgas, da ein Teil des Sauerstoffs, zu Wasser gebunden, in der Analyse nicht gemessen wird. Die Umrechnung auf 100 ccm ergibt eine Formel:

$$k_{max} = \frac{21\,C}{C + 2{,}37\,H} \text{ Vol.-Proz.}$$

Die Überschußzahl v gibt an, um wievielmal die zur Verbrennung praktisch verwendete Luftmenge größer ist als die theoretisch mögliche.

Mit dem Stickstoffgehalt n läßt sich eine Luftmenge $n\frac{100}{79}$ berechnen, von der aber dem überschüssigen Sauerstoff entsprechend nur $\left(n\frac{100}{79} - o\frac{100}{21}\right)$ theoretisch nötig sind.

Aus der Beziehung

$$v : 1 = n\frac{100}{79} : \left(n\frac{100}{79} - o\frac{100}{21}\right)$$

berechnet sich

$$v = \frac{21}{21 - 79\frac{o}{n}}.$$

Mit erhöhtem Luftüberschuß sinkt selbstverständlich der Kohlensäuregehalt in den Rauchgasen.

Die Verbrennungsgasmenge.

Wenn durch vollkommene Verbrennung von 0,536 kg Kohlenstoff 1 cbm Kohlensäure entsteht, so muß für 1 kg Brennstoff mit $\frac{C}{100}$ kg Kohlenstoff eine Menge von

$$\left(\frac{C}{100} \cdot \frac{1}{0,536}\right) \text{ cbm Kohlensäure}$$

entstehen.

Den überschüssigen Sauerstoff X cbm und den Stickstoff Y cbm aus der gesamten Verbrennungsluft beziehen wir mit den Prozentwerten der Rauchgasanalyse auf die schon erhaltene Kohlensäuremenge.

$$X : \left(\frac{C}{100 \cdot 0,536}\right) = o : k$$

und

$$Y : \left(\frac{C}{100 \cdot 0,536}\right) = n : k\,,$$

womit sich

$$X = \frac{C}{100 \cdot 0,536} \cdot \frac{o}{k} \text{ cbm Sauerstoff}$$

und

$$Y = \frac{C}{100 \cdot 0,536} \cdot \frac{n}{k} \text{ cbm Stickstoff}$$

berechnen lassen.

Kohlensäure, Sauerstoff und Stickstoff ergeben zusammen eine Menge:

$$\frac{C}{100 \cdot 0{,}536}\left(1+\frac{o}{k}+\frac{n}{k}\right)=\frac{C}{100 \cdot 0{,}536} \cdot \frac{k+o+n}{k}$$

$$=\frac{C}{0{,}536\,k} \text{ cbm „trocknes" Rauchgas}$$

für 1 kg Brennstoff.

In den Zügen einer Heizanlage liegen die Temperaturen so hoch, daß wir in den Verbrennungsgasen Wasserdampf haben, entstanden durch Verbrennung des Wasserstoffs und durch Verdampfen des Wassergehaltes. Es entstehen aus $\frac{H}{100}$ kg Wasserstoff immer $9\,\frac{H}{100}$ kg Wasser, also insgesamt für 1 kg Brennstoff:

$$9\,\frac{H}{100}+\frac{W}{100} \text{ kg Wasserdampf}$$

mit einem auf Normalbedingungen bezogenen Volumen von

$$\frac{9\,H+W}{100 \cdot 0{,}804} \text{ cbm.}$$

Die Gesamtmenge der aus 1 kg Brennstoff entstandenen Verbrennungsgase mit Wasserdampfgehalt ist also (unter Normalbed.):

$$V_G=\frac{C}{0{,}536 \cdot k}+\frac{9\,H+W}{100 \cdot 0{,}804} \text{ cbm.}$$

Der Wärmegehalt der Verbrennungsgase.

Beim Durchstreichen der Kesselanlage haben die Feuerungsgase Wärme an das zu verdampfende Wasser abzugeben; neben ihrer Menge ist daher auch die Wärmekapazität maßgebend. Auf die Abhängigkeit dieser Größe von der Temperatur kann der Weitläufigkeit halber nicht eingegangen werden.

Da der Kohlensäuregehalt schwankt, so kann man die mittlere spezifische Wärme mit den Werten der folgenden Tafel zu 0,32 für die Raumeinheit trockenes Rauchgas annehmen, entsprechend dem Kohlensäuregehalt.

Gas oder Dampf	Abs. Gewicht γ_0 kg/cbm (0°, 760 mm)	Spez. Wärme für 1 kg c_p	Spez. Wärme für 1 cbm $[\gamma_0 c_p]$	Bemerkungen
Luft	1,293	0,237	0,307	
Sauerstoff . .	1,429	0,218	0,312	
Stickstoff . .	1,257	0,244	0,306	annähernd gültig unter 400°
Kohlensäure .	1,965	0,217	0,43	
Wasserdampf	0,804	0,480	0,386	

Für die Gesamtmenge V_G ergibt sich ein Wärmegehalt

$$(c_p) = 0{,}32 \frac{C}{0{,}536 \cdot k} + (0{,}48 \cdot 0{,}804) \frac{9H + W}{100 \cdot 0{,}804}$$

oder

$$(c_p) = 0{,}32 \frac{C}{0{,}536 \cdot k} + 0{,}48 \frac{9H + W}{100}$$

für 1° Temperaturunterschied.

Nach pyrometrischen Methoden lassen sich die Temperaturen in den Kesselzügen messen. Da nun die Heizgase aus praktischen Rücksichten, zur Erzeugung des Zuges im Schornstein, die Kesselanlage mit einer höher als die Lufttemperatur τ liegenden Abgangstemperatur t verlassen, so haben wir immer einen Wärmeverlust

$$W_{\text{verl.}} = \left[0{,}32 \frac{C}{0{,}536 \cdot k} + 0{,}48 \frac{9H + W}{100}\right](t - \tau) \text{ WE}$$

in den abziehenden Heizgasen für 1 kg Brennstoff.

In ähnlicher, jedoch nur unter Vorbehalt angängiger Weise kann man auch über die Temperatur t hinausgehen bis zu einer in der Feuerung gedachten Anfangstemperatur

$$\theta = \frac{h}{(c_p)},$$

entstehend durch Division mit der Wärmekapazität der Verbrennungsgase in den Heizwert des Brennstoffes. Die wirklichen Temperaturen einer Feuerung liegen niedriger und entziehen sich schon allein wegen der Unsicherheit der spezifischen Wärmen und wegen eintretender Dissoziation von Kohlensäure und Wasserdampf der Berechnung, können jedoch annähernd gemessen werden.

Die Anfangstemperaturen erhalten nur dadurch eine Bedeutung, daß der Ausdruck $\frac{t}{\theta}$ das Verhältnis des Rauchgasverlustes zu der im ganzen verfügbaren Wärme (bei $\tau = o$) darstellt.

Je größer der Luftüberschuß und je geringer der Kohlensäuregehalt ist, um so mehr sinkt der Wert θ, es wachsen die Verlustprozente der aufgewandten Wärme. Graphische Darstellungen (Bunte)*) können zur Beurteilung einer Feuerung dienen.

Wärmebilanz einer Dampfkesselanlage.

Leistungsversuch: Dauer 10 Stunden.

Doppelkessel (2 Dampfräume):

Heizfläche	140 qm
Rostfläche	2,66 „

Rostfläche : Heizfläche = 1 : 52,7.

*) Vgl. Kalender für das Gas- und Wasserfach.

1. Untersuchung des verfeuerten Brennstoffes.

Brennstoff: Ruhrkohle (trocken gelagert).

$C =$	79,84 v. H.	91,10 v. H. Verbrennliches
$H =$	4,47 „	
$O + N =$	5,82 „	
$S =$	0,97 „	
$W =$	2,57 „	Wasser
$A =$	6,33 „	Asche
	100,00	

Koksausbeute . .	72,14 v. H.	Entwichen	27,86 v. H.
Asche	—6,33 „	Wasser . .	—2,57 „
	65,81 v. H.		25,29 v. H.

Rohe Zusammensetzung.		Verhalten.
Fixer Kohlenstoff	65,81 v. H.	Flamme: lang, rußend
Flücht. Best.-Teile	25,29 „	Koksrückstand: glänzend-grau, gebläht
Wasser	2,57 „	
Asche	6,33 „	
	100,00	

100 Teile reine Kohle (ohne Asche und Wasser) bestehen aus:

$C =$	87,64 v. H.		72,24 v. H.	aschefreiem Koks
$H =$	4,91 „	oder	27,76 „	flücht. Best.-Teilen
$O + N =$	6,39 „		100,00	
$S =$	1,06 „			
	100,00			

Heizwert: nach Dulong 7562 WE; kalorimetrisch 7571 WE.

2. Verdampfung und Leistung der Kesselanlage.

Kohle verheizt . .	1673 kg	und Wasser verdampft	13822 kg
in der Stunde . .	167 „	in der Stunde . .	1382 „
in d. Std. und auf 1 qm Rostfläche	63 „	in d. Std. und auf 1 qm Heizfläche	9,8 „

Rohe Verdampfung . .	Mit 1 kg Kohle verdampft 8,26 kg Wasser
Mittl. Dampfspannung	6,57 at (Überdruck)
Barometerstand	755,5 mm QS
Dampfspannung	7,6 at (abs.)
Erzeugungswärme . .	$\lambda = 657{,}44$ WE für 1 kg
Speisewasser von 17°.	$q = 17$ „ „ 1 „
Wärmeaufwand	$\lambda - q = 640{,}54$ WE für 1 kg

Insgesamt $8{,}26 \cdot 640{,}54 = 5291$ WE als nutzbare Wärme im Dampf.

Verdampfungszahl (umgerechnet auf Speisewasser von 0° in Dampf von 100°):

$$8{,}26 \frac{640{,}54}{637} = 8{,}31$$

Herdrückstände: 17,6 v. H. des verfeuerten Brennstoffes und 28,1 v. H. Verbrennliches darin.

In der Asche mit $17{,}6 \cdot 28{,}1 = 4{,}95$ v. H. Kohlenstoffgehalt gehen $8100 \cdot 4{,}95 = 401$ WE verloren.

3. Untersuchung der Rauchgase vor dem Schieber.

Temperatur vor dem Schieber		$t = 295°$
„ der Verbrennungsluft		$\tau = 24°$
	Unterschied:	271°

Zusammensetzung in mittleren Werten (ohne Wasserdampf):

Kohlensäure	$k =$	11,2 v. H.
Kohlenoxyd		—
Sauerstoff	$o =$	8,4 „
Stickstoff	$n =$	80,4 „
Luftüberschuß	$v =$	1,647 fach bei einer Zugstärke von 10 mm WS.

4. Wärmeverlust durch die Rauchgase.

$$W_{\text{verl.}} = \left[\frac{0{,}32 \cdot 79{,}84}{0{,}536 \cdot 11{,}2} + \frac{9 \cdot 4{,}47 + 2{,}57}{100} 0{,}48\right] 271 = 1209 \text{ WE},$$

der sich aber wegen des Aschenverlustes nur auf 0,9505 kg Kohle bezieht.

Für 1 kg Kohle $\frac{1209}{0{,}9505} = 1272$ WE Verlust.

5. Ausnützung des Brennstoffes (Wärmebilanz).

Nutzbar gemachte Wärme . . .	5291 WE	69,89 v. H.
Verlust in den Herdrückständen	401 „	5,30 „
Verlust in d. Rauchgasen ($W_{verl.}$)	1272 „	16,79 „
Verlust durch Strahlung usw.	607 „	8,02 „
Heizwert:	7571 WE	100,00

Wirkungsgrad der Kesselanlage η_h = 69,89 v. H.

5a. Geringere Ausnützung bei zu großem Zug.

Mit v = 2,62, k = 7,1 v. H., t = 332° vor dem Schieber ergibt sich eine Bilanz:

Nutzbar gemachte Wärme . . .	4249 WE	56,04 v. H.
Verlust in den Herdrückständen	462 „	6,09 „
Verlust in d. Rauchgasen ($W'_{verl.}$)	2244 „	29,60 „
Verlust durch Strahlung usw.	627 „	8,27 „
Heizwert:	7582 WE	100,00

Der Kohlenverbrauch steigt bei ungefähr demselben Speisewasserverbrauch auf 2103 kg und die Verdampfungszahl (0°, 100°) ist nur 6,67.

Wirkungsgrad der Kesselanlage η'_h = 56,04 v. H.

Die Wärmeverluste einer Dampfkesselanlage und der thermische Wirkungsgrad.

Der Kohlensäuregehalt in den Rauchgasen ist wesentlich für die Beurteilung der Wärmeausnützung.

Hochwertige, aschenarme Kohlen sind ihrer Natur nach überlegen, da sich der Kohlensäuregehalt, richtigen Betrieb (aufmerksamer Heizer) vorausgesetzt, im Durchschnitt leicht um einige Prozente steigern läßt. Die Verringerung des Luftüberschusses bringt eine höhere Temperatur im Feuerraum und damit ein größeres Temperaturgefälle hervor. Bei größeren Anlagen können selbsttätige

Apparate, die den Kohlensäuregehalt aufzeichnen (Ados, Krell-Schultze u. a.), zur Überwachung des Betriebes dienen.

Gasreiche Braunkohlen, zugleich sehr aschenreich, haben infolge ihres geringeren Heizwertes eine niedrigere Anfangstemperatur. In den Rauchgasen findet sich Unverbranntes und etwas Kohlenoxyd. Zur Vermeidung der Ruß- und Rauchbildung in zu starkem Maße ist ein großer Luftüberschuß notwendig und die Verbrennungstemperatur sinkt mehr und mehr, so daß die Ausnützung eine noch schlechtere wird. Zu berücksichtigen ist aber dann der Preis an Ort und Stelle. Hohe Brennstoffpreise wiederum führen zur Ausbildung möglichst guter Dampfmaschinen, da die weitere Nutzbarmachung von Bedeutung wird.

Wir wollen an Hand der thermodynamischen Beziehungen die weitere Umsetzung und die Fortschritte auf diesem Gebiete betrachten. Bedienen wir uns des Wärmediagramms, so bildet sich der Verbrennungsvorgang in Fig. 3 und 5 ab und die an den Wasserdampf übertragene Wärme in Fig. 4 und 6. Der Hauptverlust liegt nun in dem Temperaturumsturz von der Verbrennungstemperatur θ^0 auf die Sättigungstemperatur des Wasserdampfes $\mathfrak{t}_1{}^0$. Es bedeutet dies nach dem II. Hauptsatz eine Entwertung der an sich gleichen Wärme im Rauchgas und im Wasserdampf. Ziehen wir nämlich die untere Grenze für die Arbeitsumsetzung beiläufig in der Speisewassertemperatur $\mathfrak{t}_w{}^0$, so wird selbst die beste thermodynamische Maschine (vgl. Einleitung) nicht mehr als einen Teil

$$\eta_{\max} = \frac{\mathfrak{T}_1 - \mathfrak{T}_w}{\mathfrak{T}_1}$$

in Arbeit liefern (für unser Beispiel $\eta_{\max} = 0{,}34$), erreicht durch einen Carnotschen Kreisprozeß.

Fig. 3.

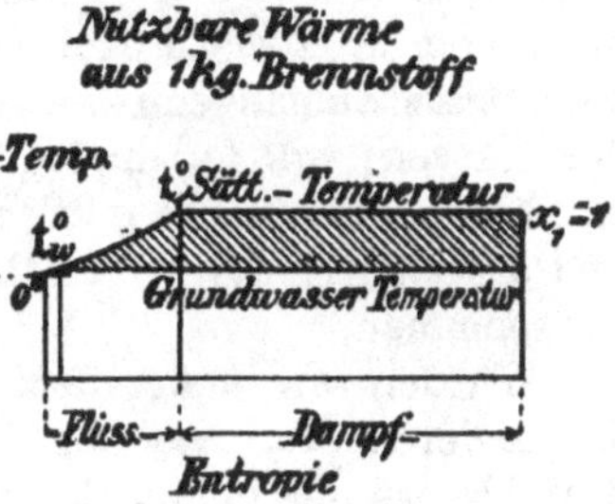

Fig. 4.

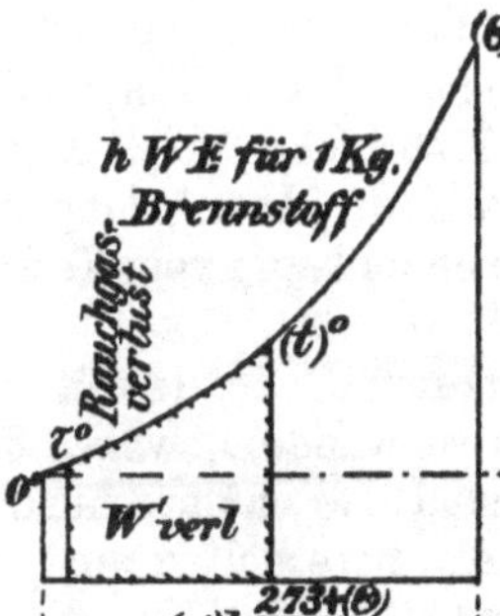

Fig. 5

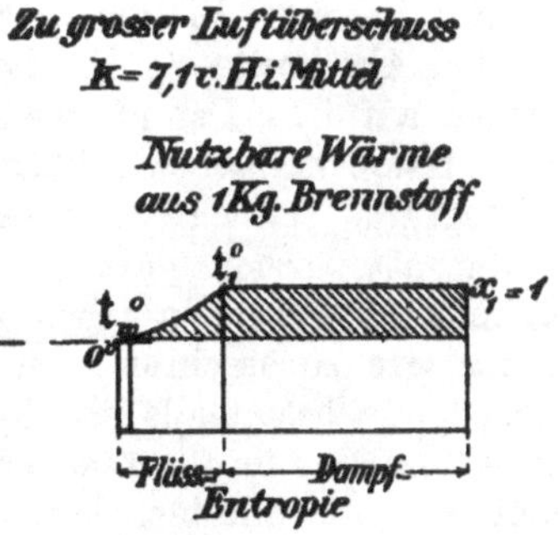

Fig. 6.

Damit in Fig. 3 und 5 die von 1 kg Kohle entwikkelte Wärme als Fläche zum Ausdruck kommt, ist nach Gl. (82), S. 75 der T. W.:

$$S_2 - S_1 = (c_p) \ln \frac{T_2}{T_1}$$

der Unterschied an Entropie zu berechnen. Der Wärmegehalt (c_p) und (c_p') der gesamten Rauchgasmenge fällt je nach dem Kohlensäuregehalt verschieden aus und bestimmt als Subtangente im Entropiemaßstab die Neigung der Kurven: vgl. (c_p) in Fig. 3. Für beide Fig. 3 und 5 ist näherungsweise die mittlere Wärmekapazität $c_p = 0{,}32$ und $c_p' = 0{,}315$ für 1 cbm Rauchgas als konstanter Wert angenommen.

Würden wir außer dem Rauchgasverlust auch noch die anderen Verluste abziehen, so müßte eine Fläche übrigbleiben, die inhaltsgleich ist mit der auf den Wasserdampf übergegangenen Wärme, dargestellt jeweils in Fig. 4 und 6. Aus diesen geht hervor, daß auf 1 kg Kohle eine verschiedene Dampfmenge trifft: die Werte der Dampftafeln sind nämlich mit der Verdampferleistung zu multiplizieren. Die entsprechenden Darstellungen des nächsten Abschnittes (z. B. Fig. 7 und 11) beziehen sich dagegen auf 1 kg Dampf, weil wir die Ausnützung der nun im Dampf enthaltenen Wärme unabhängig vom Kesselwirkungsgrad betrachten wollen.

Um aber schon jetzt zu erkennen, inwieweit die Möglichkeit, Wärme in Arbeit zu verwandeln, wegen der unteren Grenze beschränkt ist, sind die entsprechenden Flächen, die bestenfalls als Arbeit zu erhalten sind, in Fig. 4 und 6 schraffiert angedeutet. Diese Umsetzung könnte aber nur mit dem thermischen Wirkungsgrad einer Maschine ohne alle weiteren Verluste erreicht werden.

B. Die Kolbendampfmaschinen.

Der Wärmeaufwand für 1 kg Dampf.

Erzeugen wir 1 kg trocken gesättigten Dampf aus Wasser von 0°, so haben wir eine Wärmemenge aufzuwenden, die als Gesamtwärme des trocknen Dampfes aus

$$\lambda = 606{,}5 + 0{,}305\, t \text{ (WE/kg)}$$

zu berechnen ist.

Setzen wir einen bestimmten Druck (Fig. 7) voraus, so erhitzt sich das Wasser als Flüssigkeit bis zur zugehörigen Sättigungstemperatur t_1 mit einer Wärme q_1, dann wird Dampf erzeugt bei gleichbleibendem Kesseldruck p_1 at mit einer Verdampfungswärme r_1, zusammen

$$\lambda_1 = q_1 + r_1,$$

Werte, die den Dampftafeln entnommen werden können.

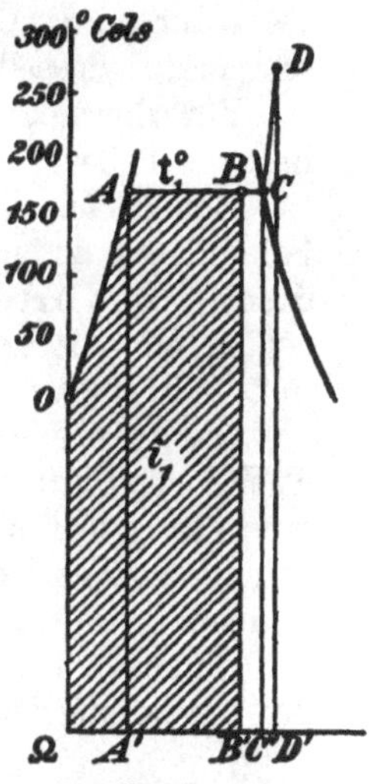

Fig. 7.

$$\text{Fläche } \overline{\Omega O A A'} = q_1$$

und

$$\text{Fläche } \overline{A' A C C'} = r_1.$$

Ist der Dampf nun nicht ganz trocken, oder hat sich ein Teil kondensiert, so wird für einen Nässegrad $x_1 = \frac{\overline{AB}}{\overline{AC}}$ die Wärmemenge $x_1 r_1$ zur Dampfbildung kleiner.

Der Wärmegehalt gegenüber 0° (schraff. Fläche $\overline{\Omega O A B B'}$) ist

$$i_1 = q_1 + x_1 r_1$$

und bei einer Speisewassertemperatur $t_w{}^0$ wären im Kessel nur $i_1 - q_w = i_1 - t_w$ (WE/kg) aufzuwenden.

Definieren wir i allgemein als „Erzeugungswärme" bei unveränderlichem Druck, so ist die Größe λ ein spezieller Fall. Wir erhalten ähnlich auch für überhitzten Dampf

$$i = 606{,}5 + 0{,}305\,\mathfrak{t} + 0{,}48\,(t - \mathfrak{t}) \quad \text{in WE/kg},$$

wenn durch t die Überhitzungs- und durch $\mathfrak{t}$ die Sättigungstemperatur desselben Druckes gegeben ist (Punkt D).

Für thermodynamische Rechnungen zerlegen wir i in zwei Teile:

Einmal hat der Dampf eine größere innere Energie bekommen, andererseits wurde durch den Erzeugungsdruck äußere Arbeit geleistet. Wir bezeichnen den Unterschied an innerer Energie gegenüber dem Nullzustande mit U in mkg.

Die äußere Arbeit ist ein Produkt [Gl. (9), S. 14 der T. W.] von Druck und Volumenausdehnung: $P(v - \mathfrak{v}_0')$, worin wir das Anfangsvolumen des Wassers $\mathfrak{v}_0'$ wegen seiner geringen Größe (0,001 cbm/kg) vernachlässigen können.

Demnach lautet die Gleichung der Erzeugungswärme bei unveränderlichem Druck:

$$i = A(U + Pv)\,. \tag{130}$$

Die ideale Dampfmaschine und ihr Diagramm.

Die Hauptteile einer Dampfmaschinenanlage stellt Fig. 8 dar. Eine solche Anlage besteht aus Dampfkessel D zur Erzeugung des Dampfes, Zylinder Z zur Arbeitsabgabe, Kondensator K zum Niederschlagen des Dampfes, Speisepumpe S zur Wasserzufuhr in den Kessel.

Der Arbeitsprozeß ist als ein geschlossener anzunehmen und die Umsetzung erfolge ohne Verluste (ideale Dampfmaschine).

Einen Schnitt durch den Zylinder gibt Fig. 10 mit Corlißsteuerung, darüber sind die Diagramme einer verlustlosen Maschine gezeichnet. Einlaß E wird geöffnet, wenn der Kolben sich im linken Totpunkt befindet. Nach einem Kolbenweg $\overline{ab}$ wird die Einströmung des Dampfes geschlossen, und der Dampf dehne sich adiabatisch aus. Öffnet man am Ende des Hubes den Auslaß A, so schiebt der zurückkehrende Kolben den Dampf in den Kondensator, woselbst er in Wasser von $t_0{}^0$ verwandelt wird. Dieses wird von der Luftpumpe herausgefördert unter

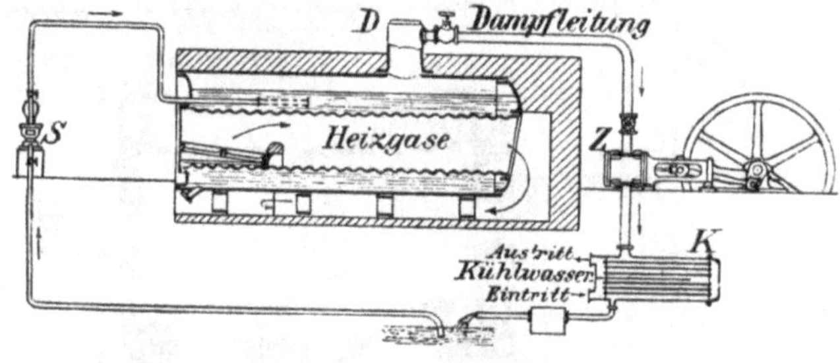

Fig. 8. Schema einer Dampfmaschinenanlage.

Überwindung des Gegendruckes $(1 - p_0)$ at. Eine gleichwertige Menge wird durch die Speisepumpe auf Kesseldruck p_1 at gebracht und durch die Heizgase von neuem erwärmt.

Da die Dampfmaschinen doppeltwirkend gebaut werden, erhalten wir zwei Diagramme (vorn und hinten). Für die Druckarbeit $(p_1 - p_0)\,\mathfrak{v}'$ erhalten wir ein eigenes Diagramm (Fig. 9), das aber mit den Dampfdiagrammen verbunden, von der Ordinatenachse nicht zu unterscheiden ist (geringes Volumen von 1 kg Wasser: $\mathfrak{v}' = 0{,}001$ cbm).

Bemerkung: $P\,(\text{kg/qm}) = 10\,000\,p\,(\text{at})$.

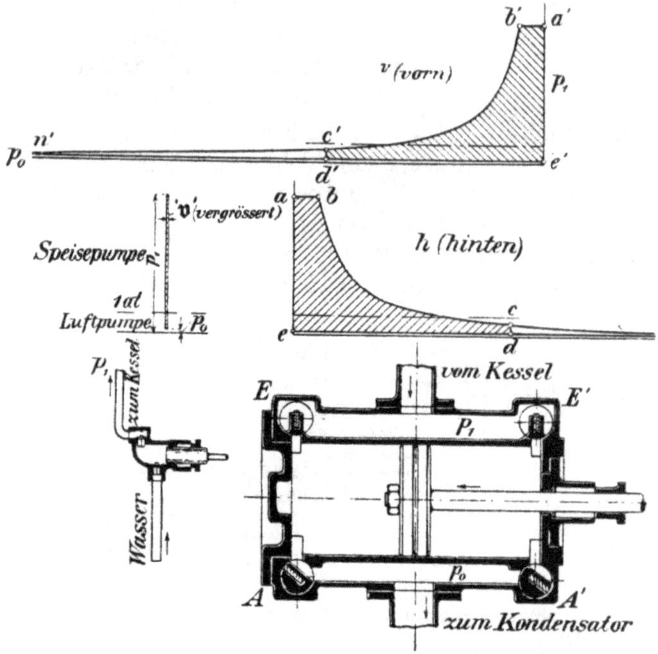

Fig. 9. Speisepumpe (mit Diagramm).

Fig. 10. Zylinder (mit Diagrammen).

Die aus 1 kg gesättigtem Dampf gewinnbare Arbeit.

Schreiben wir Gl. (130) für die Erzeugungswärme:

$$i = A(U + Pv)$$

in Differentialform:

$$di = A\,dU + AP\,dv + Av\,dP, \tag{131}$$

so können wir mit dem für umkehrbare Prozesse gültigen I. Hauptsatz [Gl. (10), S. 14 der T. W.]:

$$dQ = A\,dU + P\,dv$$

verbinden zu

(132) $$dQ = di - A\,v\,dP.$$

Für eine adiabatische Expansion des Dampfes ($dQ = 0$) erhalten wir hieraus:

$$di = A\,v\,dP$$

und durch Integration zwischen den Grenzen: Kesseldruck P_1 und Kondensatordruck P_0 die bedeutsame Gleichung:

(133) $$i_1 - i_0 = A\int_{P_0}^{P_1} v\,dP.$$

Die linke Seite wird im Wärmediagramm der Fig. 11 dargestellt. Die rechte Seite ist eine Arbeitsfläche im Druckvolumendiagramm und würde sich bei ungehinderter Expansion bis auf den Gegendruck ergeben (vgl. Fig. 11, Quadrant I):

$$L_i^0 = \int_{P_0}^{P_1} v\,dP = \int_c^b v\,dP.$$

Die aus 1 kg gesättigtem Dampf erhältliche Arbeit läßt sich nunmehr auch berechnen

(134) $$AL_i^0 = i_1 - i_0 = q_1 - q_0 + x_1 r_1 - x_0 r_0 \,[+ A\mathfrak{v}'(P_1 - P_0)].$$

Für einen adiabatischen Prozeß $\overline{x_1 x_0}$ muß nach dem Wärmediagramm (Fig. 11, III) die Beziehung erfüllt sein:

$$\sigma_1 + \frac{x_1 r_1}{\mathfrak{T}_1} = \sigma_0 + \frac{x_0 r_0}{\mathfrak{T}_0},$$

womit sich der Ausdruck

$$(135)\quad \begin{cases} AL_i^0 = q_1 - q_0 - \mathfrak{T}_0(\sigma_1 - \sigma_0) \\ + x_1 r_1 \dfrac{\mathfrak{T}_1 - \mathfrak{T}_0}{\mathfrak{T}_1} [+ A\mathfrak{v}'(P_1 - P_0)] \end{cases}$$

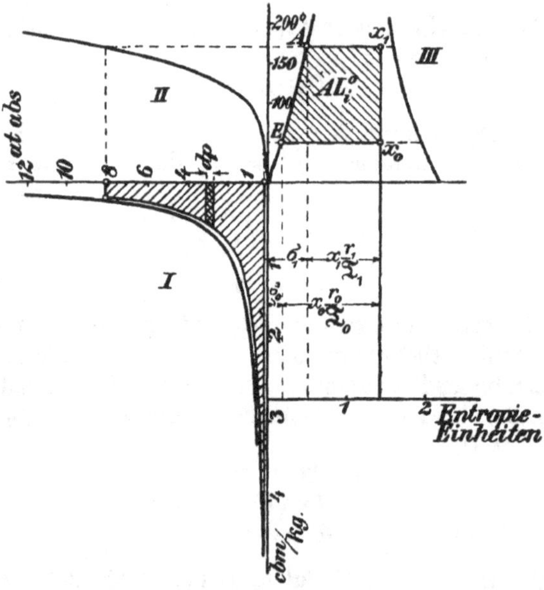

Fig. 11.

ergibt, der sich bis auf die Arbeit der Luft- und Speisepumpe, die wir bei Dampfmaschinen ohne großen Fehler vernachlässigen können, auch direkt aus dem Wärmediagramm ablesen lassen würde.

(Rankine-Claususscher Kreisprozeß.)

Der thermische Wirkungsgrad der verlustlosen Maschine.

Halten wir an den gemachten Voraussetzungen fest, so haben wir als aufgewandte Wärme

$$Q_i = i_1 - q_0$$

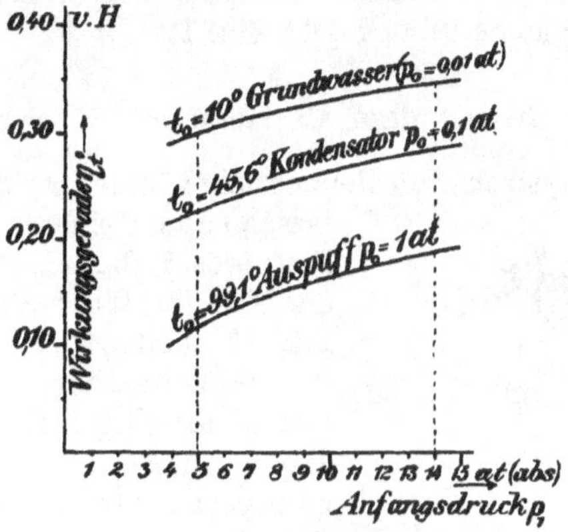

Fig. 12. Wirkungsgrade der verlustlosen Dampfmaschine (Rankine).

und die Bildung des Wirkungsgrades nach bekannten Grundsätzen ergibt sofort

$$(136) \qquad \eta_t^0 = \frac{A L_i^0}{Q_i} = \frac{i_1 - i_0}{i_1 - q_0}$$

oder

$$(137) \quad \eta_t^0 = \frac{q_1 - q_0 + \frac{x_1 r_1}{\mathfrak{T}_1}(\mathfrak{T}_1 - \mathfrak{T}_0) - \mathfrak{T}_0(\sigma_1 - \sigma_0)}{q_1 - q_0 + x_1 r_1}.$$

Nehmen wir der Einfachheit halber anfänglich trocken gesättigten Dampf, so wird mit $x_1 = 1$ der thermische Wirkungsgrad zu

$$(138)\quad \eta_t{}^0 = \frac{q_1 - q_0 + \frac{r_1}{\mathfrak{T}_1}(\mathfrak{T}_1 - \mathfrak{T}_0) - \mathfrak{T}_0(\sigma_1 - \sigma_0)}{q_1 - q_0 + r}$$

erhalten und kann ohne weiteres für gegebene Druckgrenzen mit den Werten der Dampftafeln berechnet werden. Eine Zusammenstellung gibt Fig. 12.

Vergleich mit dem Carnotschen Kreisprozeß.

Bei physikalischer Betrachtung könnte man die Dampfmaschine auch einen Carnotschen Kreisprozeß durchlaufen lassen, der sich für Wasserdampf nach Fig. 13 abbildet.

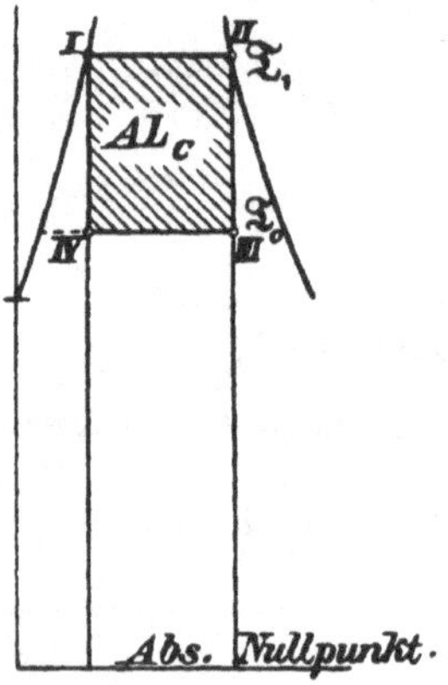

Fig. 13.

Die Betrachtung der Druckdiagramme (Fig. 14) zeigt aber, daß zu dessen Verwirklichung zwei genau zusammenarbeitende Zylinder nötig wären, um als Ersatz einer Speisepumpe durch Kompression allein die Kesselspannung zu erreichen. Die zuletzt erhaltene Gleichung würde sich unter Wegfall der Flüssigkeitswärmen zu

$$\eta_{\text{Carnot}} = \frac{\frac{r_1}{\mathfrak{T}_1}(\mathfrak{T}_1 - \mathfrak{T}_0)}{r_1} = \frac{\mathfrak{T}_1 - \mathfrak{T}_0}{\mathfrak{T}_1}$$

vereinfachen; Fig. 15 gibt die entsprechenden Werte.

Der Prozeß scheitert an Ausführungsunmöglichkeiten und am schlechten mechanischen Wirkungsgrad.

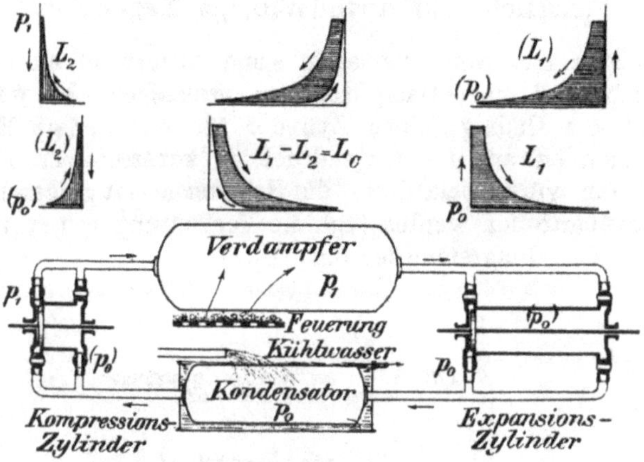

Fig. 14. Carnotscher Kreislauf für Wasserdampf.

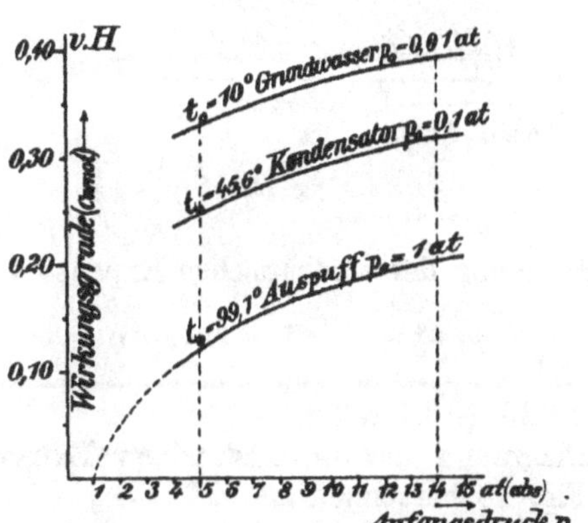

Fig. 15. Carnotsche Wirkungsgrade für Wasserdampf.

Rücksicht auf unvollständige Expansion.

Man muß von vornherein seine Ansprüche an den Idealprozeß einer Dampfmaschine ermäßigen. Es wäre auch ein Unding, einen Zylinder für vollständige Expansion bis auf den Gegendruck zu konstruieren. Der Gewinn würde bald durch die Reibungsarbeit aufgezehrt und übertroffen werden (vgl. die Verkürzung von n' auf d' in dem Diagramm der Fig. 10).

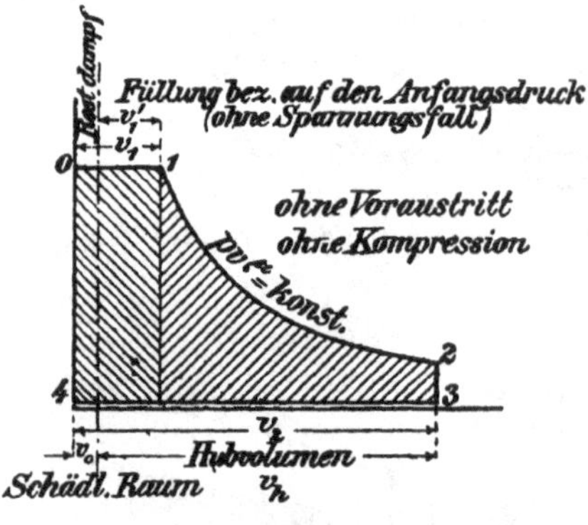

Fig. 16.

Die Gleichung der adiabatischen Expansion lautet:

$$p_1\, v_1^{\mu} = p_2\, v_2^{\mu} = \text{konst.*)},$$

wo $\mu = 1{,}035 + 0{,}1\, x_1$ ist.

Das Diagramm mit unvollständiger Expansion läßt sich aus Fig. 16 berechnen zu

*) Zur Übereinstimmung mit den Bezeichnungen der Normen sind die Buchstaben μ und ν in der T. W. zu vertauschen.

$$L_i^0 = 10\,000 \left\{ p_1 v_1 + \frac{1}{\mu - 1} (p_1 v_1 - p_2 v_2) - p_0'' v_2 \right\}$$

$$= 10\,000 \left\{ p_1 v_1 + \frac{1}{\mu - 1} \left[p_1 v_1 - p_1 \left(\frac{v_1}{v_2} \right) \right]^{\mu} v_2 - p_0 v_2 \right\},$$

wofür sich mit dem Expansionsgrad $\varepsilon = \frac{v_2}{v_1}$ auch

$$L_i^0 = 10\,000\, p_1 v_1 \left\{ \frac{\mu}{\mu - 1} - \frac{1}{\mu - 1} \frac{1}{\varepsilon^{\mu - 1}} - \varepsilon \frac{p_0}{p_1} \right\}$$

schreiben läßt (Arbeit L_i^0 in mkg für 1 kg Dampf).

Mit diesem Ausdruck kommt man dem Konstrukteur entgegen.

Wärme- und Dampfverbrauch.

Wir messen die Leistung einer wirklich vorhandenen Maschine in Pferdestärken: N_e PSe an der Welle. Die indizierte Leistung: N_i PSi, berechnet aus Hubraum, Umlaufzahl und mittlerem Druck des Indikatordiagrammes, ist auf den Kolben wirkend gedacht. Es folgt die Beziehung:

$$\eta_m = \frac{N_e}{N_i} \quad \text{(mechanischer Wirkungsgrad).}$$

Da 1 PS = 75 mkg/sek, so ist 1 PS eine Stunde lang wirkend (PS-st) einer Arbeit

$$75 \cdot 60 \cdot 60 = 270\,000 \text{ mkg}$$

und damit auch einer Wärmemenge

$$\frac{75 \cdot 60 \cdot 60}{424} = 637 \text{ WE*)}$$

gleichwertig.

(Wärmeäquivalent von 1 PS-st = 637 WE.)

---

*) Mit dem Wert $\frac{1}{427}$ wahrscheinlicher 632 WE.

a) Dampfverbrauch einer verlustlosen Maschine.

Stellen wir uns vor, wir leisten in einer idealen Maschine gerade 1 PSi während einer Stunde, so ist zur Unterhaltung des Prozesses ein Wärmeaufwand $W_i{}^0$ nötig mit einem Wirkungsgrad:

$$\eta_t{}^0 = \frac{637}{W_i{}^0}.$$

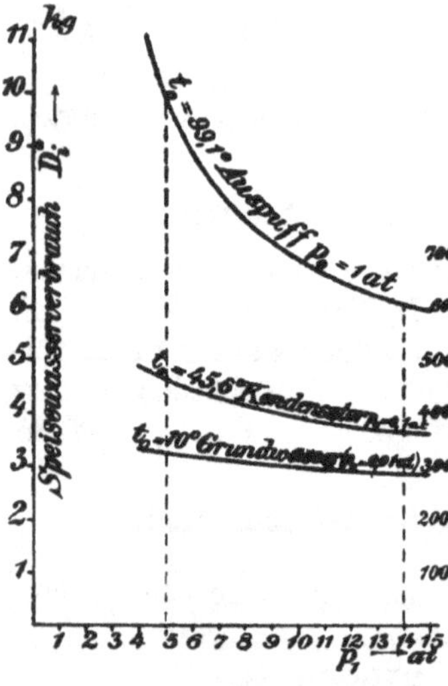

Fig. 17. Dampfverbrauch der verlustlosen Maschine.

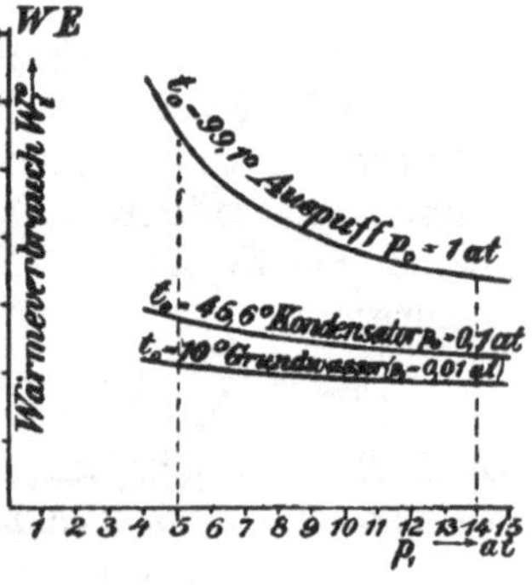

Fig. 18. Wärmeverbrauch der verlustlosen Maschine.

Diese Wärme $W_i{}^0$ ist in einer dem Zylinder stündlich zugeführten Dampfmenge $D_i{}^0$ kg/PSi-st enthalten nach der Beziehung

$$W_i{}^0 = (i_1 - q_0)\, D_i{}^0,$$

da i_1 die Erzeugungswärme für 1 kg Dampf darstellt und jedes dem Kessel zugeführte Kilogramm Wasser q_0 WE mitbringt. Für bestimmte Druckgrenzen ergeben sich die Werte der Fig. 17 und 18.

b) Dampfverbrauch der vorhandenen Maschine.

Als wichtigste Größe wird bei einer vorhandenen Dampfmaschine der „Dampfverbrauch" direkt gemessen, meist als Speisewasserverbrauch, manchmal auch im Kondensat (Oberflächenkondensator).

Für jede indizierte Pferdekraftstunde, d. i. für die dabei auf den Kolben übertragene Arbeit ergibt sich dann auch ein indizierter Dampfverbrauch D_i kg/PSi-st. Stellen wir den zugehörigen Wärmeaufwand fest:

$$W_i = i_1 D_i \text{, bezogen auf Speisewasser von } 0^0,$$

so berechnet sich der thermische Wirkungsgrad der ausgeführten Maschine zu

$$\eta_t = \frac{637}{W_i}.$$

Könnten wir gerade 1 kg arbeiten lassen, so ist der thermische Wirkungsgrad auch durch

$$\eta_t = \frac{A L_i}{i_1 - q_w}$$

oder durch das Verhältnis der gewonnenen indizierten Arbeit zu der für Dampferzeugung aufgewandten Wärme bei Speisewasser von $t_w{}^0$ gegeben.

Bestimmung der Arbeitsverluste einer Dampfmaschine*).

Aus der indizierten Arbeit $L_i{}^0$ in mkg, die von 1 kg Dampf eine Stunde lang in der untersuchten Maschine

*) Vgl. Normen, Anhang.

bei dem vorhandenen Expansionsgrade, bei der Eintrittsspannung p_1 und der Austrittsspannung p_0 geleistet würde, wenn Arbeitsverluste durch den schädlichen Raum, durch die Wärmebewegung in der Wandung, durch Droßlung und durch Undichtheiten nicht vorhanden wären, erhält man durch Division mit 27000 die Leistung von 1 kg Dampf

$$(N_i^0) = \frac{p_1 v_1}{27} \left\{ \frac{\mu}{\mu - 1} - \frac{1}{\mu - 1} \frac{1}{\varepsilon^{\mu - 1}} - \varepsilon \frac{p_0}{p_1} \right\}$$

in PS, eine Stunde lang wirkend gedacht, und für $x_1 = 1$ (anfänglich trocken gesättigter Dampf)

$$(N_i^0) = \frac{p_1 v_1}{27} \left\{ 8{,}41 - \frac{7{,}41}{\varepsilon^{0{,}135}} - \varepsilon \frac{p_0}{p_1} \right\}.$$

Hierin ist $v_1 = x_1 \mathfrak{w}_1$ aus den Dampftafeln zu bestimmen.

Bezeichnet D_i^0 den Dampfverbrauch der verlustlosen Maschine für 1 PSi-st, so ist $D_i^0 = \frac{1}{(N_i^0)}$.

Ist D_i der durch die Versuche bestimmte wirkliche Dampfverbrauch für 1 PSi-st und damit $(N_i) = \frac{1}{D_i}$ die von 1 kg Dampf auf die Dauer einer Stunde wirklich erhaltene indizierte Leistung, so sind die Leistungsverluste auf 1 kg Dampf $(N_v) = (N_i^0) - (N_i)$ oder im Verhältnis zur Leistung der verlustlosen Maschine

$$\eta_v = \frac{(N_i^0) - (N_i)}{(N_i^0)}.$$

Das Verhältnis der wirklichen Leistung zu derjenigen der verlustlosen Maschine ist

$$\eta_g = \frac{(N_i)}{(N_i^0)} = \frac{D_i^0}{D_i}.$$

Der Vergleich mit der verlustlosen Maschine.

(Indizierter Wirkungsgrad.)

Den Vergleich mit dem Rankineschen Kreisprozeß wollen wir an einem Beispiel durchführen.

Eine Dampfmaschine mit 8,0 at (abs.) Eintrittsdruck (trocken gesättigter Dampf $t_1 = 169{,}5^0$) und einem Kondensatordruck von 0,075 at (abs.) oder $t_0 = 40^0$ kann nach dem idealen Kreisprozeß eine Arbeit $AL_i{}^0 = 164{,}2$ WE mit 1 kg Dampf [zu berechnen nach Gl. (135) mit den Werten der Dampftafeln] bei einem Wärmeaufwand $Q_i = \lambda_1 - q_0 = 658{,}2 - 40 = 618{,}2$ WE/kg liefern.

Der ideale Wirkungsgrad ist

$$\eta_t{}^0 = \frac{AL_i{}^0}{Q_i} = \frac{164{,}2}{618{,}2} = 26{,}6 \text{ v. H.},$$

womit sich

$$W_i{}^0 = \frac{637}{\eta_t{}^0} = \frac{637}{0{,}266} = 2395 \text{ WE}$$

und

$$D_i{}^0 = \frac{W_i{}^0}{\lambda_1 - q_0} = \frac{2395}{618{,}2} = 3{,}88 \text{ kg}$$

ergibt.

Demgegenüber wird an der vorhandenen Maschine ein Dampfverbrauch $D = 11{,}1$ kg für 1 PSe-st und $D_i = 8{,}5$ kg für 1 PSi-st festgestellt mit einem mechanischen Wirkungsgrad $\eta_m = 76{,}6$ v. H.

Bei einer Gesamtwärme $\lambda_1 = 658{,}2$ WE für jedes Kilogramm Dampf, erzeugt aus Speisewasser von 0^0, ergibt dies einen Wärmeaufwand

$$W_e = \lambda_1 D = 658{,}2 \cdot 11{,}1 = 7306 \text{ WE}$$

für die Einheit der Nutzleistung und

$$W_i = \lambda_1 D_i = 658{,}2 \cdot 8{,}5 = 5595 \text{ WE}$$

indiziert. Da aber 1 PSi-st einer Wärmemenge von 637 WE entspricht, so ist der thermische Wirkungsgrad

$$\eta_t = \frac{637}{W_i} = \frac{637}{5595} = 11{,}4 \text{ v. H.}$$

und der gesamte Wirkungsgrad

$$\eta_t \cdot \eta_m = \frac{637}{W_e} = \frac{637}{7306} = 8{,}73 \text{ v. H.},$$

bezogen auf Dampf.

Der Vergleich des thermischen Wirkungsgrades η_t mit seinem idealen Wert η_t^0 oder

$$\eta_i = \frac{\eta_t}{\eta_t^0} = \frac{0{,}114}{0{,}266} = 42{,}9 \text{ v. H.}$$

ist der „indizierte" Wirkungsgrad und ein Gütemaßstab für die Maschine.

Nach einem anderen Vorschlag (Mollier) rechnet man mit der Gesamtwärme $\lambda_1 - 20$ (WE/kg) entsprechend einer Speisewassertemperatur von 20° und kommt so der idealen Maschine etwas näher. Aus der Gleichung

$$\eta_t' = \frac{637}{(\lambda_1 - 20) D_i}$$

erhält man durch Kürzung die Näherungsformeln:

$$\eta_t' = \frac{1}{D_i} \quad \text{und damit} \quad \eta_i' = \frac{D_i^0}{D_i} = \eta_g .$$

Die Verwertung von Leistungsversuchen.

Hat man bei einer Maschine von bestimmter Leistung den Dampfverbrauch für die Stunde gemessen, aus den

Drücken vor und nach der Maschine Mittelwerte erhalten, so kann man aus den vom Indikator beschriebenen Diagrammen Schlüsse ziehen, die wiederum für die Berechnung auszuführender Maschinen von Bedeutung sind.

Es ist so für die Zwecke des Dampfmaschinenbaues ein Spezialgebiet entstanden, das zu großer Vollkommenheit ausgebildet ist: „Die thermodynamische Analyse" (Hrabák); „Die kalorimetrische Untersuchung" stellt vor allem den Wärmeaustausch zwischen Dampf und Zylinder fest.

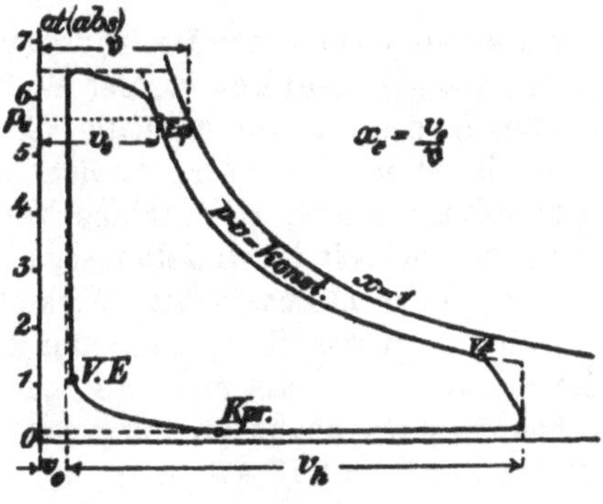

Fig. 19.

Gewöhnlich nimmt man den Dampf bei Beginn der Kompression (*Kpr.* Fig. 19) als trocken gesättigt an; nach einer Zusammenpressung bis auf den schädlichen Raum vermischt sich der Frischdampf G_f mit dieser zurückgebliebenen Dampfmenge G_r und der sichtbare Dampfinhalt, wie er dem Diagramm entspricht, gibt den Nässegrad:

$$x = \frac{\text{Vol.} \times \text{spez. Gewicht}}{G_r + G_f}$$

an, z. B. Volumen für Beginn *Exp.* aus den Zylinderabmessungen berechnet, zpezifisches Gewicht den Dampftafeln entnommen, entsprechend dem Druck p_e.

Es läßt sich durch Rechnung oder graphische Darstellung ein tieferer Einblick in die Arbeitsweise des Dampfes erzielen. Wir können hier nur auf die endgültig erhaltene Fig. 22 S. 58 verweisen.

Die Verbesserungen des thermischen Wirkungsgrades.

Nach den thermodynamischen Beziehungen muß eine Erhöhung des Dampfdruckes vor der Maschine einen Gewinn bedeuten, da das Temperaturgefälle wächst. Natürlich darf eine einseitige Verbesserung nicht auf Kosten anderer Werte gehen: Durch gleichzeitige Vervollkommnung der Werkstättenarbeit ist es gelungen, hohe Dampfspannungen und guten mechanischen Wirkungsgrad zu vereinigen. Dabei zeigt das Druckdiagramm der Fig. 20, daß der Gewinn an Arbeitsfläche stetig geringer wird (z. B. bei Erhöhung der Anfangsspannung von 8 auf 10 at und andererseits von 10 auf 12 at); es ist also eine Grenze gesetzt, vor allem, da die Maschine, abgesehen vom Kessel, schwerer und teurer wird.

Bei den ausgeführten Maschinen spielt der Wärmeaustausch zwischen Dampf und Wandungen eine große Rolle. Man wendet mit Vorteil einen Dampfmantel zur Heizung des Zylinders an, wodurch die Kondensation des eintretenden Dampfes an kalten Wandungen etwas verhindert wird.

Man verteilt die Expansion auf mehrere Zylinder, so daß das Wärmegefälle in Stufen ausgenützt wird: Mehrzylindermaschinen.

Die Verwendung von überhitztem Dampf (Hirn, Schmidt) bedeutet an sich eine Erhöhung der oberen Temperaturgrenze.

Auch der besseren Ausnützung des Temperaturgefälles nach unten bis zur Kühlwassertemperatur hat man sich zugewandt, indem man eine mit Schwefeldioxyd getriebene Maschine anschließt: mehrstoffige Dampfmaschine

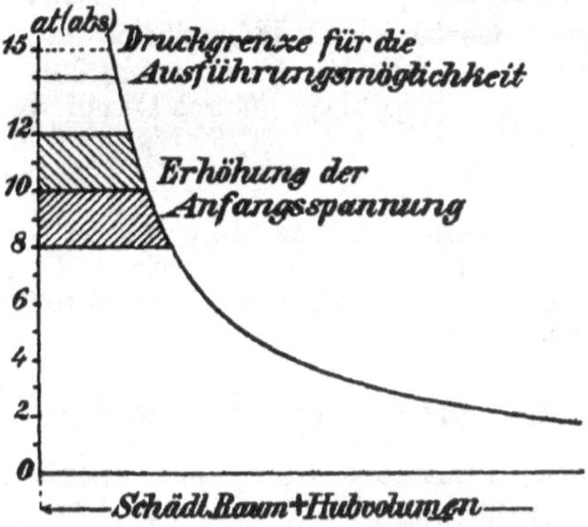

Fig. 20.

Die Anregung, mit einem schwer siedenden Stoff (z. B. Anilin) das Wärmegefälle nach oben zu erweitern, wurde schon gegeben, ohne zur Ausführung zu gelangen.

In erster Linie nun wollen wir betrachten, wie Speisewasservorwärmung den Wirkungsgrad einer Dampfmaschinenanlage beeinflussen kann.

Die Speisewasservorwärmung.

Speisewasservorwärmer können auf zwei Arten hergestellt werden:

1. durch Einbau in die Züge einer Kesselanlage,
2. durch Benützung des Abdampfes.

Die erste Ausführung verringert an der Kesselanlage den Rauchgasverlust.

Beispiel zu 2.: Eine Einzylindermaschine mit Kondensation habe bei 6 at Eintrittsdruck ($t_1 = 158^\circ$, $\lambda_1 = 654{,}66$) einen Speisewasserverbrauch von 9,8 kg/PSi-st und eine ebensolche mit Auspuff 11,3 kg/PSi-st.

Kondensation		Auspuff	
$W_i = 654{,}66 \cdot 9{,}8 =$	6416 WE	$W_i' = 654{,}66 \cdot 11{,}3 =$	7398 WE
Speisewasser 40°	392 „	Vorwärmung 90° (durch Dampf von 99,1°)	1021 „
	6024 WE		6377 WE

Wenn man den Dampfverbrauch von modernen Kondensationsmaschinen nicht auf andere Weise noch (z. B. gute Steuerungen) verbessert hätte, käme solcher Auspuffbetrieb nahe, wie in unserem Beispiel.

Die Mehrzylindermaschinen.

Die Entwicklung des Dampfmaschinenbaues brachte schon vor Einführung der Überhitzung die Großdampfmaschine mit stetig steigender Wärmeausnützung: Erhöhung der Anfangsdrücke und weitgehende Expansion in zwei und mehr Zylindern sind eben thermische Fortschritte. Daneben vermindert die Verteilung des Wärmegefälles die Temperaturschwankungen und Wärmeverluste in den Zylindern, die auch mit Dampfmänteln versehen sind.

Da das spezifische Volumen des Wasserdampfes und damit die Zylinderinhalte mit abnehmendem Drucke immer mehr wachsen, so kann ein Vergleich mit der Expansion der Einzylindermaschine, zu $p\,v =$ konst. angenommen, erst mit umgezeichneten Diagrammen (Fig. 21) geschehen, wobei V_1 das Hubvolumen des Hochdruck-, V_2 das des

Niederdruckzylinders darstellt und die schädlichen Räume in Volumwerten einzutragen sind.

Zum Vergleich mit der idealen Maschine wollen wir die Indikatordiagramme in das Wärmediagramm übertragen*). Die schraffierten Flächen (Fig. 22) geben den

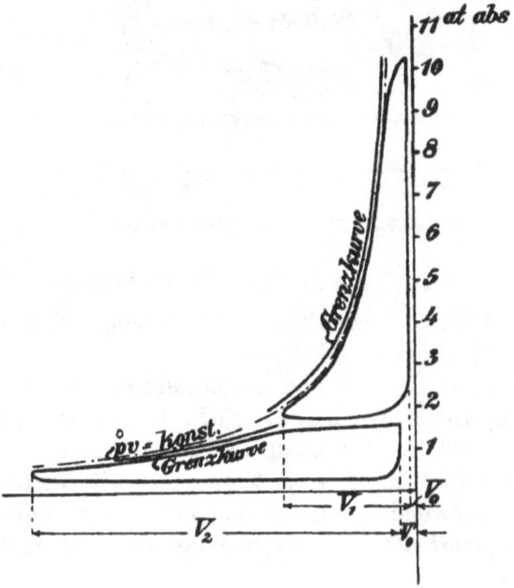

Fig. 21.

Verlust gegenüber einem Rankineschen Kreislauf an. Die Unterlagen zur Zeichnung der Figuren sind dem Leistungsversuch von Schröter an einer Tandemmaschine von 250 PS entnommen, die auch für überhitzten Dampf gebaut ist.

*) Nach dem in der Z. d. V. D. Ing. 1903 S. 1409 gegebenen Verfahren.

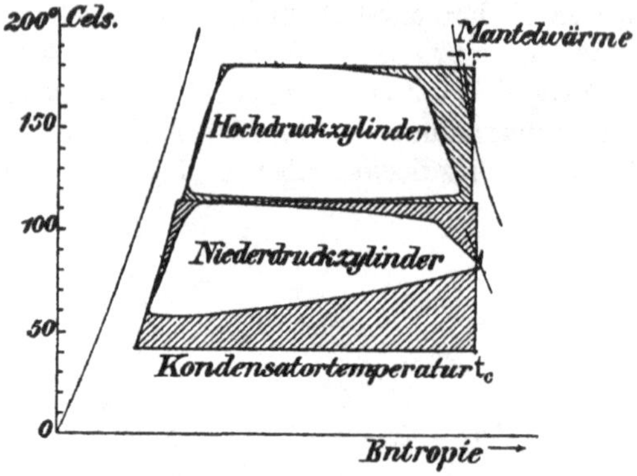

Fig. 22. Gesättigter Dampf.

Der Vorteil der Überhitzung.

Die bessere thermische Ausnützung zeigt deutlich Fig. 23 für dieselbe Maschine.

Geringere Überhitzung schon hebt den schädlichen Einfluß der Wandungen auf. Gehen wir höher, so gewinnen wir immer mehr an Arbeitsfläche. Auch bei Einzylindermaschinen kann man mit Vorteil Überhitzung verwenden, hauptsächlich wegen der großen Wandungsverluste. Die Expansionskurve nähert sich der Adiabate.

Zu Bedeutung gelangen die Heißdampflokomobilen, die durch gutes Zusammenhalten der Wärme heute in der Ausnützung der Brennstoffe mit an erster Stelle stehen.

Dampfverbrauch und Wärmeverbrauch bei Überhitzung.

Die verringerten Dampfverbrauchsziffern können nicht ohne weiteres mit den für gesättigten Dampf erhaltenen

Werten verglichen werden, da der Wert von 1 kg Dampf durch die Überhitzung ein anderer geworden ist.

Ein einwandfreier Maßstab ist der Wärmeverbrauch $W = iD$, weil hier für überhitzten Dampf

$$i = \lambda + c_p(t - \mathfrak{t})$$

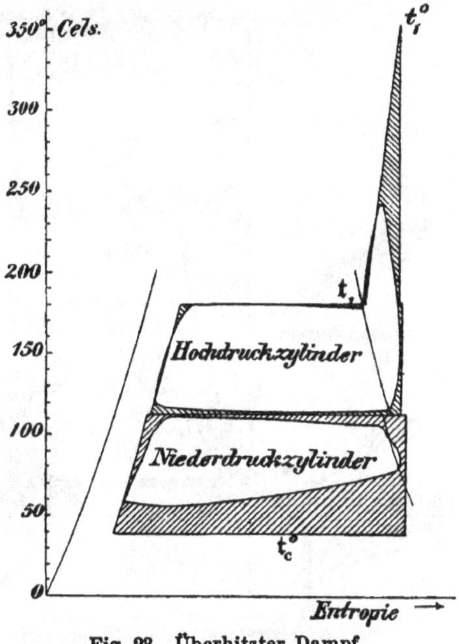

Fig. 23. Überhitzter Dampf.

einzusetzen ist.

Man kann den Verbrauch an überhitztem Dampf auch auf trocken gesättigten Dampf beziehen und als „reduzierten" Dampfverbrauch

$$D_{\text{red.}} = \frac{\lambda + c_p(t - \mathfrak{t})}{\lambda} D_{\text{überh.}}$$

in Vergleich bringen.

Die mehrstoffigen Dampfmaschinen.

Die ungünstigen Eigenschaften des Wasserdampfes bei niederen Temperaturen treten um so schärfer hervor, je mehr wir uns der unteren Grenze für eine Umsetzung

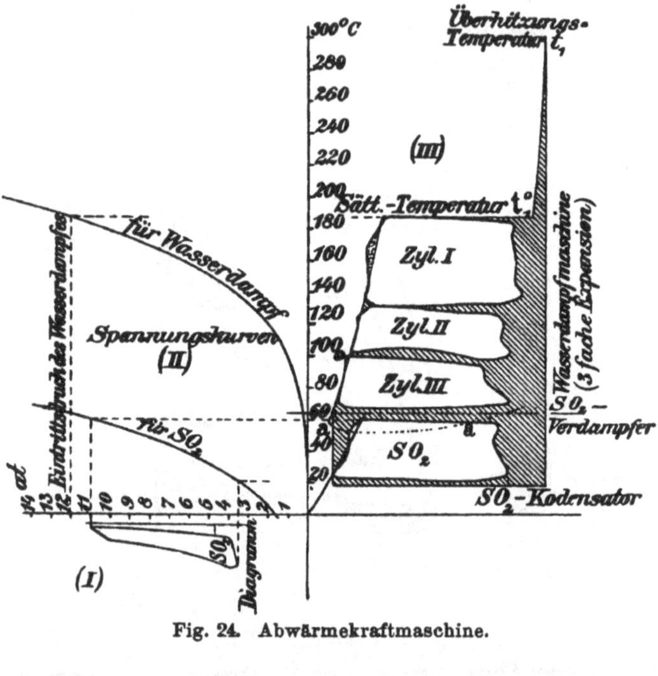

Fig. 24. Abwärmekraftmaschine.

von Wärme in Arbeit, gegeben durch die Kühlwassertemperatur, nähern wollen: Die Drücke sind klein, das spezifische Volumen und damit die Größe der Dampfzylinder ist beträchtlich gewachsen. Zwischen Kondensator- und Kühlwassertemperatur ist noch ein Gefälle vorhanden, das bei Wahl eines anderen Arbeitsstoffes ausgenützt werden kann (Angliederung einer Schwefligsäuremaschine oder Abwärmemaschine von Behrend, Zimmermann und Josse).

Die thermodynamischen Beziehungen gestalten sich übersichtlich bei Übertragung der von Josse vorgenommenen Leistungsversuche an solchen Anlagen in das Wärmediagramm.

Der Wasserdampf tritt aus dem Zylinder III einer Dampfmaschine in einen Oberflächenkondensator, dessen Kühlrohre von kalter schwefliger Säure durchflossen werden. Der Wasserdampf kondensiert zu Wasser von 65° bis 70°, und durch die freiwerdende Wärme wird die schweflige Säure verdampft. Die Eigenschaften der schwefligen Säure sind einer weiteren Ausnützung günstig. Folgende Tafel gibt den Zusammenhang zwischen Temperaturen und Drücken zum Zeichnen der Spannungskurve in Quadrant (II) der Fig. 24, wobei wir zum Vergleich auch die geringeren Drücke des Wasserdampfes anführen.

Sättigungs-Temperaturen in ° C	Drücke in kg/qcm für schweflige Säure	Drücke in kg/qcm für Wasserdampf
0	1,58	0,006
10	2,34	0,012
20	3,35	0,024
30	4,67	0,043
40	6,35	0,075
50	8,65	0,125
60	11,05	0,202
70	14,80	0,317

Der oberen Temperatur von 60° im Wärmediagramm (III) entspricht in (I) ein oberer Druck $p = 11$ at des Arbeitsdiagrammes. Die dampfförmige schweflige Säure läßt man nun in einem Zylinder mit Kolben (SO_2-Maschine) expandieren und verwandelt sie in einem zweiten Oberflächenkondensator, der vom Kühlwasser durchflossen ist, wieder in Flüssigkeit (ca. 20°). Um einen geschlossenen Kreislauf der arbeitenden schwefligen Säure zu erzielen, ist noch das Zurückpumpen der flüssigen SO_2 in den Wasserdampfkondensator nötig.

Aus den angeführten Versuchen geht hervor, daß die Leistung einer solchen vereinigten Anlage um $^1/_3$ bis $^1/_2$ die Leistung der Dampfmaschine allein übertreffen kann, ohne daß an dem ursprünglichen Wärmeaufwand eine Änderung eintritt. Damit sinkt aber dann der Verbrauch an Wasserdampf und Wärme, bezogen auf 1 PSe-st der gesamten Anlage.

Des weiteren zeigte sich, daß günstigere Arbeitsverhältnisse erzielt werden, wenn der Wasserdampf bei höherer Kondensatortemperatur etwas von seinem Gebiet dem Kreisprozeß der schwefligen Säure überläßt. Dies wird erreicht durch kleinere Abmessungen von Zyl. III (Höherlegung der Linie $\overline{aa}$ in Fig. 24), wobei Verringerung der Wärmeverluste durch verminderte Ausstrahlung nach außen eintritt.

Der Gesamtwirkungsgrad.

Die Dampfmaschine hat in ihrer Entwicklung zu immer größeren Leistungen weitgehende Verbesserungen erfahren und arbeitet als Großdampfmaschine mit dem bemerkenswerten Ergebnis, daß die Belastung in weiten Grenzen schwanken darf, ohne daß der Wärmeverbrauch oder Wirkungsgrad sich stark verändert (Fig. 25 nach einem Versuch von Schröter an einer Tandem-Verbundmaschine von 1000 PS).

Heißdampflokomobilen übertreffen namentlich bei ihrer richtigen Leistung die besten Dampfmaschinen anderer Art. Es tritt auch das Bestreben hervor, für kleineren Kraftbedarf gute Maschinen zu liefern.

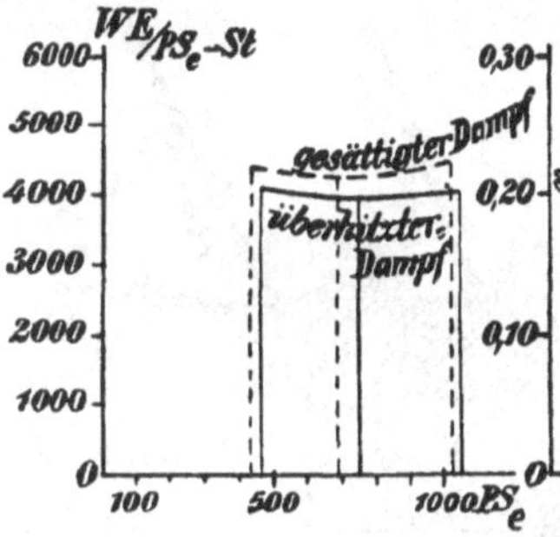

Fig. 25.

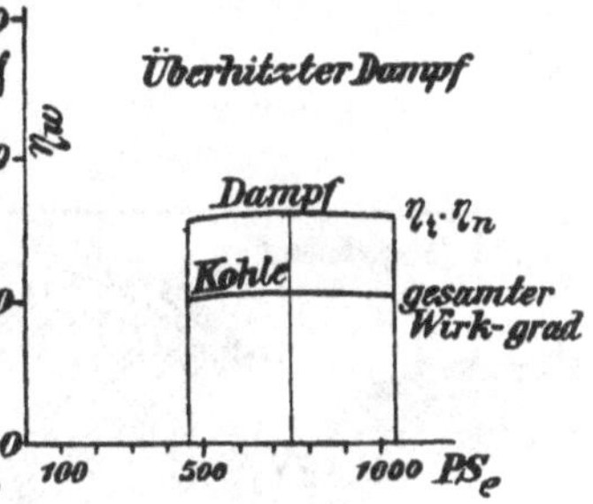

Fig. 26.

Wir wollen noch kurz auf die Umwandlung, welche die ursprünglich im Brennstoff enthaltene Energie durchmacht, zurückkommen. Übereinstimmend mit der S. 14 gegebenen Zerlegung in Faktoren können wir uns die Wärme als einen Strom vorstellen, der sich in Zweige teilt (Fig. 27).

Dem Abnehmer einer Anlage ist es wichtig, den Brennstoffverbrauch für die Nutzpferdestärke garantiert zu bekommen.

Eine verlangte Maschine mit bestimmter Leistung darf beispielsweise bei 10 at abs. Eintrittsdruck und einer Überhitzung auf 300° nur 6,0 kg/PSe-st verbrauchen (Speisewasser 30°). Rechnet man auf gesättigten Dampf um: $D_{\text{red}} = 6{,}54$ und liefert der Kessel 7,5fache Verdampfung, so ist ein überschläglicher Verbrauch von $\frac{6,54}{7,5} = 0,873$ kg Kohle für 1 PSe-st angenommen. Dabei muß aber von der Kohle ein guter Heizwert $h = 7500$ WE/kg verlangt werden; Anheizverluste sind noch zu berücksichtigen durch Erhöhen des Kohlenverbrauches.

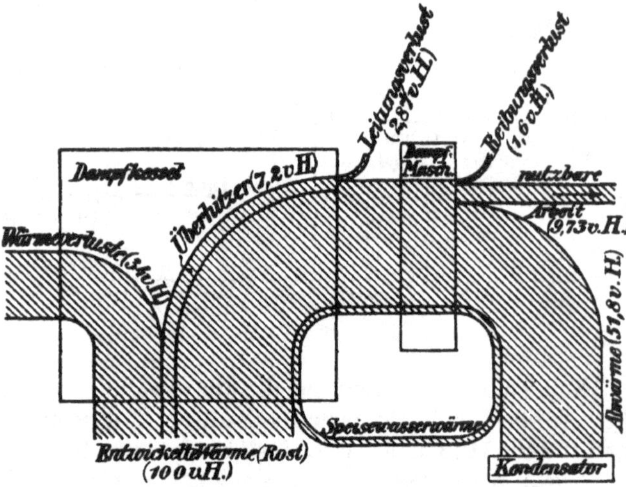

Fig. 27. Wärmeplan.

An der ausgeführten Anlage ist ohnedem

a) ein Wärmeverbrauch

$$W_e = 6\,(661{,}06 + 0{,}48(300 - 179) - 30)$$
$$= 4135 \text{ WE/PSe-st}$$

oder ein Wirkungsgrad der Dampfmaschine

$$\eta_t \cdot \eta_m = \frac{637}{4135} = 0{,}154$$

festzustellen.

b) Mit 0,873 kg Kohle von einem Heizwert $h = 7500$ WE können 6550 WE erzeugt werden. Der Wirkungsgrad der Kesselanlage samt Überhitzer sei $\eta_h = \frac{4323}{6550} = 0{,}66$. Um noch die Leitungsverluste zu decken, bleiben $\frac{4323-4135}{6550}$ $= 2{,}87$ v. H. der auf dem Rost erzeugten WE.

Der Gesamtwirkungsgrad der Anlage ist:

$$\eta_w = \frac{637}{0{,}873 \cdot 7500} = 0{,}0973$$

oder auch

$$\eta_w = 0{,}6313 \cdot 0{,}154 = 0{,}0973.$$

Zum Vergleich mit anderen Wärmekraftmaschinen muß also der aus dem Wärmeverbrauch (Fig. 25) berechnete Wirkungsgrad (Fig. 26) auf Brennstoff umgerechnet werden.

C. Die Dampfturbinen.

Die Strömungsenergie des Wasserdampfes.

In einem Rohre von stetig veränderlichem Querschnitt (Fig. 28) bewege sich Wasserdampf, der mit Wasser gemischt, trocken oder überhitzt sein kann.

In einem Querschnitt A von der Fläche F_1 qm sei der Zustand mit allen in Betracht kommenden Größen gegeben: Außer dem Druck auf die Flächeneinheit, dem spezifischen Volumen und der Temperatur ist auch die innere Energie und die mittlere Geschwindigkeit, mit der gerade dieser Querschnitt durchflossen wird, als bekannt vorauszusetzen.

Bei einem weiteren beliebigen Querschnitt B mit einem Flächeninhalt F_2 qm sind dieselben Größen als unbekannt anzunehmen.

Querschnitt	A	B	
Spezifischer Druck	P_1	P_2	kg/qm
Spezifisches Volumen . . .	v_1	v_2	cbm/kg
Temperatur	t_1	t_2	—
Innere Energie	U_1	U_2	mkg
Geschwindigkeit	w_1	w_2	m/sek.

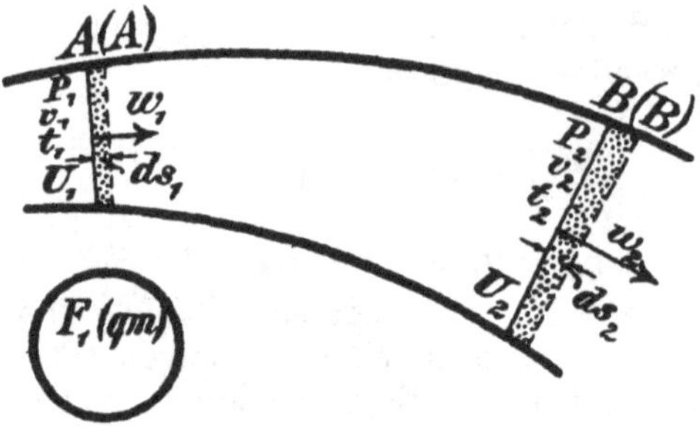

Fig. 28.

Beträgt die stetig strömende Menge G kg in der Sekunde, so erhält man das den Querschnitt A durchströmende sekundliche Volumen zu $G v_1$ cbm/sek und für B ebenso $G v_2$ cbm/sek. Diese Volumina lassen sich aber, wie bei jedem Strome, auch aus Querschnitt und mittlerer Geschwindigkeit bestimmen:

(145) $$G v_1 = F_1 w_1 \quad \text{und} \quad G v_2 = F_2 w_2 \,,$$

wenn ständige Ausfüllung der Querschnitte vorausgesetzt wird.

Betrachten wir den Durchfluß in einer unendlich kleinen Zeit dt, so erhalten wir als Durchflußmenge $G\,dt$ kg und eine Verschiebung der noch hinter A stehenden Dampfmenge von A nach (A) und ebenso von B nach (B) mit den Wegen:

(146) $$d s_1 = w_1\,dt \quad \text{und} \quad d s_2 = w_2\,dt \,.$$

Im Querschnitt A ist ein gegebenes Arbeitsvermögen vorhanden, einmal in Form von innerer Energie, dann aber auch vermöge der Geschwindigkeit als lebendige Kraft, zu bilden nach dem bekannten Gesetz:

$$\frac{1}{2}(\text{Masse})\, w^2 = \frac{1}{2}\left(\frac{G\,dt}{g}\right) w^2\ ^{*)}.$$

Wir erhalten so als

ursprüngliches	später vorhandenes
Arbeitsvermögen	
$U_1\, G\, dt$	$U_2\, G\, dt$
$\frac{1}{2}\left(\frac{G\,dt}{g}\right) w_1^2$	$\frac{1}{2}\left(\frac{G\,dt}{g}\right) w_2^2$

Wenn nun bei einem Übergang von Zustand A nach B Arbeiten geleistet worden sind, so müssen diese nach dem „Prinzip von der Erhaltung der Energie" auf Kosten des ursprünglichen Arbeitsvermögens gesetzt werden:

a) Die Wirkung der Schwerkraft bleibe unberücksichtigt, z. B. horizontale Strömung.

b) Die Pressungen oder Oberflächendrücke ändern ihre Größe von $F_1 P_1$ bis $F_2 P_2$ und leisten Arbeiten, die zusammen einen Betrag

$$F_2 P_2 \cdot ds_2 - F_1 P_1 \cdot ds_1$$

$$= F_2 P_2\, w_2\, dt - F_1 P_1\, w_1\, dt \qquad \text{[mit Gl. (146)]}$$

$$= (P_2 v_2 - P_1 v_1)\, G\, dt \qquad \text{[mit Gl. (145)]}$$

erreichen.

c) Durch Strahlung, Leitung usw. gehe ferner nach außen eine Wärme Q_s für 1 kg Dampf verloren, also für unsere Strömung eine Arbeitsgröße:

$$\frac{Q_s}{A}\, G\, dt \text{ in mkg.}$$

*) Mit $g = 9{,}81$ m/sek² als Beschleunigung der Schwere.

Die Energiegleichung lautet dann:

$$\left[U_1 G\,dt + \frac{1}{2}\frac{G\,dt}{g} w_1^2\right] - (P_2 v_2 - P_1 v_1) G\,dt - \frac{Q_s}{A} G\,dt$$
$$= \left[U_2 G\,dt + \frac{1}{2}\frac{G\,dt}{g} w_2^2\right]$$

und zeigt sich unabhängig von der Zeit oder

$$(147)\quad A(U_1 + P_1 v_1) - A(U_2 + P_2 v_2) = A\left(\frac{w_2^2}{2g} - \frac{w_1^2}{2g}\right) + Q_s$$

für 1 kg Dampf. Durch Einführen der Größe $i = A(U + Pv)$ können wir auch schreiben:

$$(148)\qquad i_1 - i_2 = A\left(\frac{w_2^2}{2g} - \frac{w_1^2}{2g}\right) + Q_s\,,$$

in Worten: Der Umsatz in „Strömungsenergie" entspricht bei reiner Strömung bis auf die geringen Strahlungsverluste dem Wärmegefälle.

Die Gleichung läßt sich auch in Differentialform schreiben:

$$(149)\qquad -di = A\frac{w\,dw}{g} + dQ_s\,.$$

Für Wasserdampf gelten die bekannten Werte:

$i = q + xr$ für nassen Dampf,

$i = q + r = \lambda$ für trocken ges. Dampf,

$i = q + r + c_p(T - \mathfrak{T})$ für überhitzten Dampf.

Die Wärmegleichung einer Strömung mit stetigen Widerständen.

Die Strömung ist ein Vorgang, der nicht nach der Wärmegleichung für umkehrbare Prozesse behandelt werden kann. Die Reibung an den Wänden und im Innern bewirkt nicht rückwandelbare Wirbelungen, auf die wir Rücksicht zu nehmen haben. Wir schreiben statt Gl. (10) der T. W.:

(150) $$dQ' + dR = A(dU + P\,dv)$$

und stellen uns vor, als ob die Reibung den Dampfzustand genau wie eine Wärmemenge beeinflusse.

Ohne Wärmeaustausch mit der Umgebung ($dQ' = 0$) muß sich dann

$$dR = A(dU + P\,dv)$$

und mit Einführung von Gl. (131) auch

(151) $$dR = di - A\,v\,dP$$

ergeben.

Hierin läßt sich aber die Größe di nach Gl. (149) mit $Q_s = 0$ ersetzen und die Änderung der „Reibungsarbeit" (R in WE) geht über in

(152) $$dR = -A\frac{w\,dw}{g} - A\,v\,dP\,.$$

Die Reibung und der Verlust an Strömungsenergie.

Den Betrag R erhalten wir durch Integrieren der Gl. (151) zu

(153) $$R = i_2 - i_1 + A\int_2^1 v\,dP$$

und erkennen seine Bedeutung durch Darstellung des Strömungsvorganges im Wärmediagramm (Fig. 29).

Der Umsatz in Strömungsenergie dagegen ergibt sich aus Fig. 30:

(154) $$i_1 - i_2 = H - \Psi$$

als zwei Flächen von entgegengesetztem Vorzeichen (H ▒▒▒ schraffiert, Ψ //// schraffiert).

Bei einem verlustlosen Prozesse müßte sich unter Wegfall von Ψ nur die Fläche H ergeben. Die Zustandsänderung $\overline{I\,II'}$ (Fig. 29 u. 30) wäre adiabatisch und verlustlos. Die Strömung $\overline{I\,II}$ ist ebenfalls adiabatisch, aber die Reibung hat eine Vergrößerung der Entropie um den Betrag $\overline{MN}$ hervorgerufen. Daß R selbst um die Fläche $\overline{I\,II\,II'}$ größer ist als der wirkliche Verlust an lebendiger

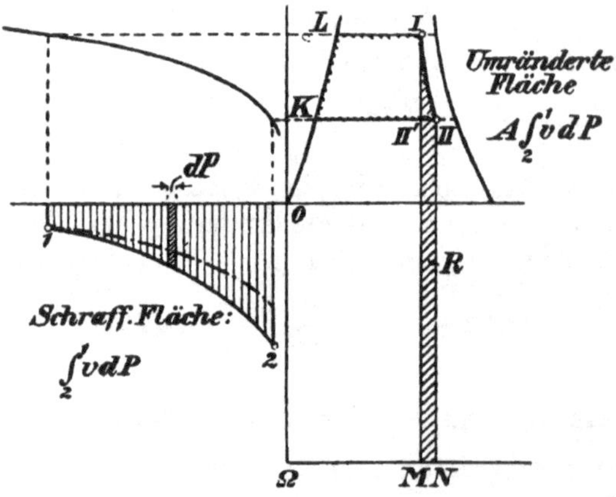

Fig. 29.

Kraft, liegt daran, daß wir nach thermodynamischen Grundsätzen nur die unter einem gewissen Niveau (hier $\overline{K\,II}$) liegende Wärme als Verlust zu betrachten haben.

Man gibt nun die Größe des Verlustes Ψ in Prozentwerten der Fläche H, an oder $\Psi = \zeta \cdot H$ und kann so die Strömungsvorgänge aus verlustlosen Prozessen berechnen:

$$i_1 - i_2 = (1 - \zeta) H . \tag{155}$$

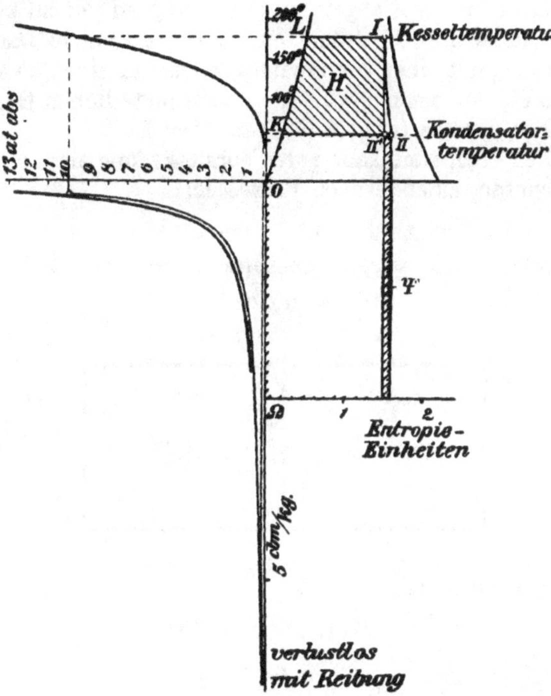

Fig. 30.

Umsetzungen in Strömungsenergie.

1. Ausströmen von gesättigtem Wasserdampf.

In einem Raum A (Fig. 31) befinde sich gesättigter Dampf von einer Spannung p_a kg/qcm in Ruhe ($w_a = 0$) und soll daraus in beliebiger Menge entnommen werden können, ohne daß der Anfangsdruck sinkt (Dampfkesseldruck).

Durch eine gut abgerundete Öffnung mit einem kleinsten Querschnitt F ströme eine zu berechnende Dampfmenge G_x mit einer Geschwindigkeit w_x in einen zweiten Raum C, der einen bestimmten unveränderlichen Gegendruck p_c besitze (z. B. Kondensatordruck).

Die Berechnung kann unter Voraussetzung eines widerstandslosen, adiabatischen Prozesses:

$$p_a v_a^\mu = p_x v_x^\mu \quad \text{mit} \quad \mu = 1{,}035 + 0{,}1\, x$$

geschehen. Die zugehörige Differentialgleichung

$$v\, dp + \mu\, p\, dv = 0$$

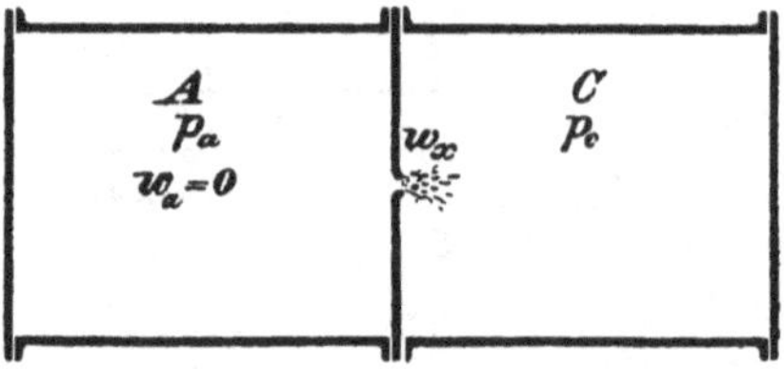

Fig. 31.

läßt sich auch in

$$v\, dp + \mu\, d(p, v) - \mu\, v\, dp = 0$$

und

$$v\, dp = \frac{\mu}{\mu - 1}\, d(p, v)$$

umändern.

Die zuletzt erhaltene Gleichung kann dann sofort mit Gl. (152) in der Form $dR = 0$ oder

$$0 = -A\, \frac{w\, dw}{g} - A\, v\, dP$$

verbunden werden zu

$$\frac{w\, dw}{g} = -\frac{10\,000\, \mu}{\mu - 1}\, d(p, v)\,.$$

Integriert (mit $w_a = 0$) ergibt sich

$$\frac{w_x^2}{2g} = \frac{10000\,\mu}{\mu - 1}(p_a v_a - p_x v_x),$$

und mit der Adiabatengleichung, die auch

$$p_x v_x = p_a v_a \left(\frac{p_x}{p_a}\right)^{\frac{\mu-1}{\mu}}$$

geschrieben werden kann, erhalten wir die Geschwindigkeit in m/sek:

$$(156) \qquad w_x = 100 \sqrt{2g \frac{\mu}{\mu - 1} p_a v_a \left[1 - \left(\frac{p_x}{p_a}\right)^{\frac{\mu-1}{\mu}}\right]}.$$

Hiermit berechnet sich die ausströmende Dampfmenge in kg pro Flächeneinheit und Sekunde [Gl. (145)]:

$$\frac{G_x}{F} = \frac{w_x}{v_x}$$

mit einem spezifischen Volumen:

$$v_x = \left(\frac{p_a}{p_x}\right)^{\frac{1}{\mu}} v_x,$$

also

$$\frac{G_x}{F} = \left(\frac{p_x}{p_a}\right)^{\frac{1}{\mu}} \frac{w_x}{v_a}$$

ohne weiteres zu

$$(157) \quad \frac{G_x}{F} = 100 \sqrt{2g \frac{\mu}{\mu - 1} \frac{p_a}{v_a} \left[\left(\frac{p_x}{p_a}\right)^{\frac{2}{\mu}} - \left(\frac{p_x}{p_a}\right)^{\frac{\mu+1}{\mu}}\right]}.$$

Nun erreicht der Klammerausdruck unter dem Wurzelzeichen einen Höchstwert für ein bestimmtes Druckverhältnis, das nach bekannten Regeln der Differentialberechnung über Maxima erhalten wird:

$$d\left[\left(\frac{p_x}{p_a}\right)^{\frac{2}{\mu}} - \left(\frac{p_x}{p_a}\right)^{\frac{\mu+1}{\mu}}\right] = 0,$$

$$\frac{2}{\mu}\left(\frac{p_x}{p_a}\right)^{\frac{2}{\mu}-1} - \frac{\mu+1}{\mu}\left(\frac{p_x}{p_a}\right)^{\frac{\mu+1}{\mu}-1} = 0,$$

(158)
$$\frac{p_x}{p_a} = \left(\frac{2}{\mu-1}\right)^{\frac{\mu}{\mu-1}}.$$

Haben wir z. B. im Anfangszustand trocken gesättigten Dampf, so ergibt sich mit dem Wert $\mu = 1{,}135$ ein „Mündungsdruck“:

(159)
$$p_x = 0{,}5744\ p_a$$

und eine größtmögliche Dampfmenge

(160)
$$\frac{G_x}{F} = 199\sqrt{\frac{p_a}{v_a}},$$

die mit einer Geschwindigkeit

(161)
$$w_x = 323\sqrt{p_a v_a}$$

ausströmt.

Damit sind wir aber zu einem bemerkenswerten Ergebnis gelangt. Wenn die Erniedrigung des Gegendruckes über den kritischen Wert hinaus fortgesetzt wird, so nimmt die ausströmende Dampfmenge nicht mehr zu, die kritische Geschwindigkeit, die mit der Schallgeschwindigkeit des betreffenden Dampfzustandes übereinstimmt, kann nicht überschritten werden. Die Zeunersche Formel gilt aber nur so lange, als keine Verluste stattfinden.

2. Die konische Düse.

Um eine richtige Umsetzung in Strömungsenergie zu erhalten, verwendet man eine Düse mit konischer Erweiterung (Fig. 32). Die Ausflußmenge kann nicht vermehrt werden, sie ist sogar etwas geringer, wenn die engsten Querschnitte gleich sind, und es zeigt sich, daß das kritische Verhältnis*) eher erreicht wird, wenn wir zum Vergleich in Fig. 33 und 34 die Ausflußmengen in Abhängigkeit von dem Druckunterschied auftragen. Da-

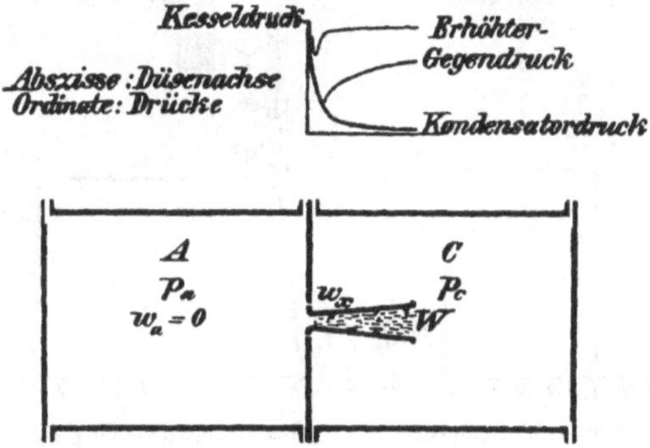

Fig. 32.

gegen kommen wir jetzt im konischen Teil über die kritische Geschwindigkeit, wenn auch nicht ohne Verluste, bedeutend hinaus. Mit einer zuletzt erhaltenen Geschwindigkeit W steht uns aber dann die Strömungsenergie $\frac{W^2}{2g}$ zur weiteren Verfügung.

Ohne Verluste ließe sich nach unseren Ableitungen eine Endgeschwindigkeit W' berechnen aus

$$A \frac{W'^2}{2g} = i_a - i_e = H ,$$

*) Versuche von Gutermuth, Z. d. V. D. Ing. 1904.

d. h. aus dem Wärmegefälle zwischen Raum A und C.

Die wirkliche Geschwindigkeit W kann darauf zurückgeführt werden:

$$A \frac{W'^2}{2g} = (1 - \zeta)(i_a - i_c), \tag{162}$$

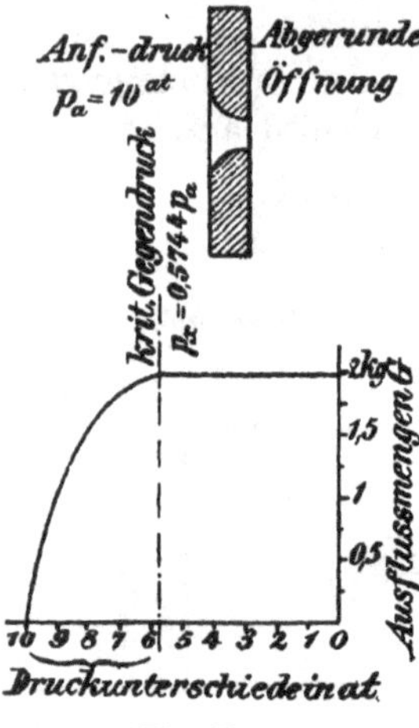

Fig. 33.

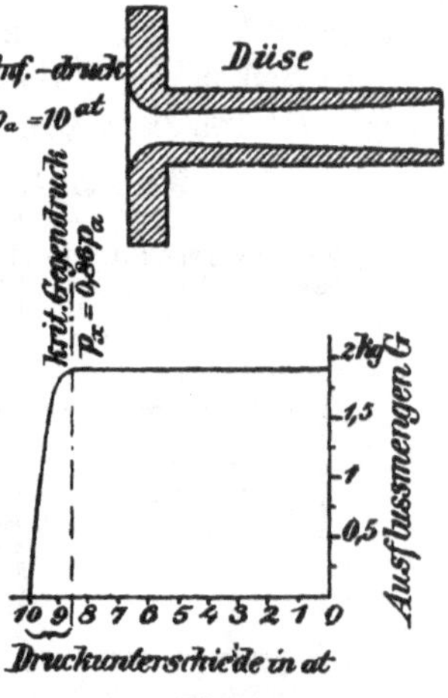

Fig. 34.

wenn wir die Verlustgröße messen (Versuche von Stodola): Düsenverluste 0,10 bis 0,25 v. H. Sind dann die Geschwindigkeiten bekannt, so kann man auch für den Verlust den Ausdruck

$$\frac{\Psi}{A} = \frac{W'^2}{2g} - \frac{W^2}{2g} \tag{163}$$

schreiben.

Da bei Dampfturbinenproblemen die Erzeugungswärme i große Verwendung findet, so zeichnet man nach Mollier eigene Diagramme zum Ablesen von i (Ordinate), als Abszisse dient am besten die Entropie S (vgl. Fig. 38 S. 81 und Fig. 39 S. 84).

Die einstufige Druckturbine.

Setzen wir hinter konische Düsen ein mit Schaufeln versehenes Rad, so leistet der Dampfstrahl vermöge seiner Geschwindigkeit Arbeit, da er durch das Auftreffen auf die Schaufeln und die Ablenkung aus seiner Richtung die Welle in drehende Bewegung versetzt. Eine Schwierigkeit bei dieser Umsetzung liegt in den hohen Dampfgeschwindigkeiten und den dadurch bedingten großen Umlaufzahlen. De Laval hat diesen Verhältnissen durch hervorragend ausgebildete Konstruktion Rechnung getragen.

Ohne hierauf näher einzugehen, wollen wir uns mit dem Wirkungsgrade einer solchen Turbine befassen.

Wirkungsgrad der verlustlosen Turbine.

Für eine ideale Turbine ohne Düsenverlust Ψ und ohne weitere Verluste beim Umsetzen der erhaltenen Strömungsenergie im Laufrade würde die Fläche H (Fig. 30) die in Arbeit verwandelte Wärmemenge auf 1 kg Dampf darstellen. Ein Vergleich mit Fig. 11 zeigt sofort, daß die Arbeitsumsetzung einer verlustlosen Kolbendampfmaschine (AL_i^0) dieselbe Größe hat: der theoretisch-thermische Wirkungsgrad ist bei beiden Maschinen gleich. Für den Dampfverbrauch einer idealen Turbine gelten die Werte der Fig. 17, für den Wärmeverbrauch die der Fig. 18.

Welche Änderungen in der Darstellung des Strömungsvorganges der Betrieb mit überhitztem Dampf, der heute überall angewendet wird, mit sich bringt, können wir

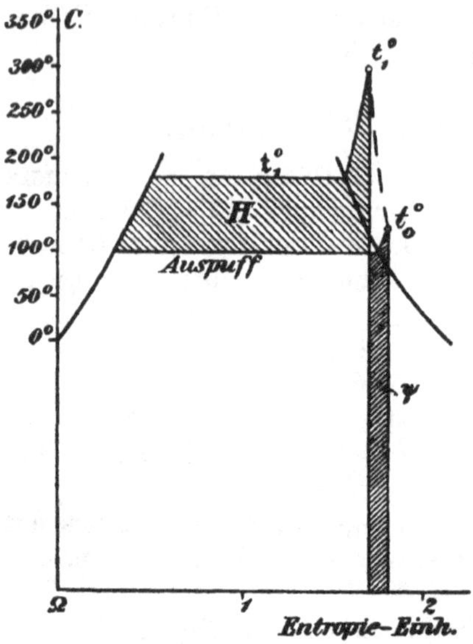

Fig. 35.

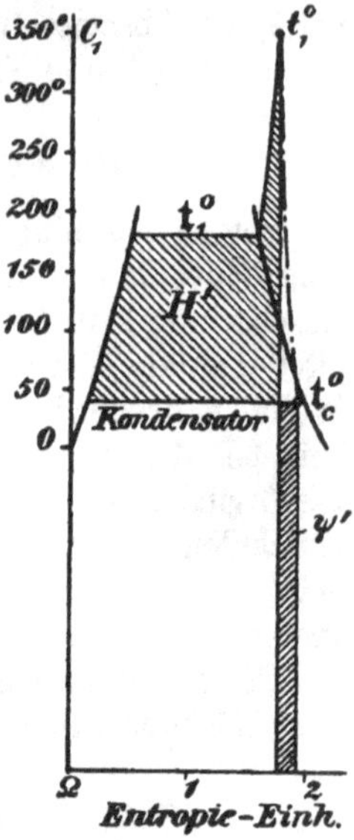

Fig. 36.

der Fig. 35 für Auspuff und Fig. 36 für Kondensation entnehmen.

Die Verluste der ausgeführten Turbine.

An der wirklichen Turbine lassen sich vor allem drei Verlustquellen nachweisen:

1. Düsenverlust $\dfrac{\Psi}{A} = \dfrac{W'^2 - W^2}{2g}$,

2. Verlust im Laufrad $\dfrac{R^2 - r^2}{2g}$ durch Reibung an den Schaufeln usw. (vgl. Fig. 37),

3. Austrittsverlust $\frac{w^2}{2g}$, da der Dampf zur Überwindung des Gegendruckes noch Geschwindigkeit braucht.

Wie wichtig bei Dampfturbinen eine gute Luftleere im Kondensator ist, geht daraus hervor, daß die beim Austritt verlorene Strömungsenergie mit dem Quadrat der Austrittsgeschwindigkeit wächst, wenn diese dem höheren Gegendruck entsprechend zunehmen muß.

Die verfügbare Arbeit für 1 kg Dampf bei einem Wärmegefälle $H = i_a - i_e$ ist

(164) $$L_i^0 = \frac{H}{A} = \frac{i_a - i_e}{A}$$

und die Arbeitsverluste sind

(165) $$L_v = \frac{W'^2 - W^2}{2g} + \frac{R^2 - r^2}{2g} + \frac{w^2}{2g}.$$

Die Arbeit

(166) $$L_i = L_i^0 - L_v$$

kann in Analogie mit den Verhältnissen an der Kolbendampfmaschine als „indizierte" Arbeit von 1 kg Dampf, ausgeübt am Radumfang der Turbine, betrachtet werden. Wir erhalten ebenso wie dort (S. 52)

(167) $$\eta_i = \frac{L_i}{L_i^0} = \frac{(N_i)}{(N_i^0)} = \frac{D_i^0}{D_i}$$

als Wirkungsgrad der Dampfarbeit (indizierter Wirkungsgrad).

Beispiel.

An einer de Laval-Turbine von 197,5 PSe fand Delaporte*) einen Dampfverbrauch von 6,9 kg für 1 PSe-st.

*) Z. d. V. D. Ing. 1903, S. 269.

Ohne schädliche Widerstände (mechanischer Wirkungsgrad) und ohne das Wiederauffüllen der Schaufelzellen mit Dampf kommt dann nur ein Dampfverbrauch $D_i = 6{,}39$ kg in Betracht. Da der Anfangsdruck des gesättigten Dampfes $p_a = 10{,}72$ at und die Kondensatorspannung $p_c = 0{,}166$ at betrug, kann ein Wärmegefälle

$$H = 154 \text{ WE für 1 kg Dampf} \qquad \text{[Gl. (135) S. 42]}$$

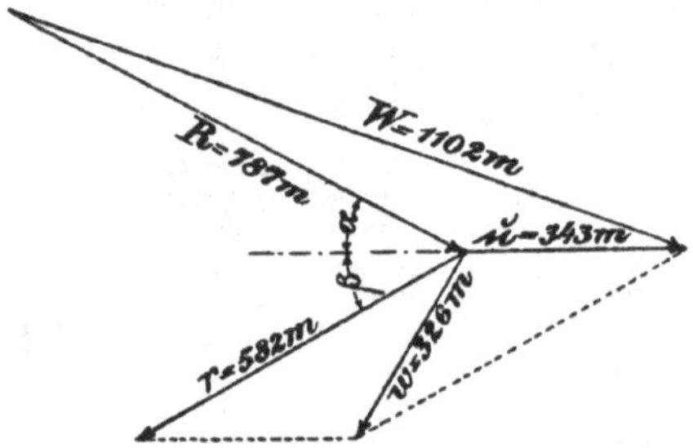

Fig. 37. Geschwindigkeitsplan.

den Dampftafeln entnommen werden. Bei einem theoretischen Dampfverbrauch

$$D_i^0 = \frac{637}{H} = \frac{637}{154} = 4{,}14 \text{ kg}$$

wird ein Wirkungsgrad

$$\eta_i = \frac{D_i^0}{D_i} = \frac{4{,}14}{6{,}39} = 0{,}647$$

erhalten, womit ein Verlust von 35,3 v. H. gegenüber dem idealen Arbeitsprozesse angezeigt ist.

Bei Entwurf eines Geschwindigkeitsplanes (Fig. 37) gestaltet sich die Verteilung der Verluste folgendermaßen:

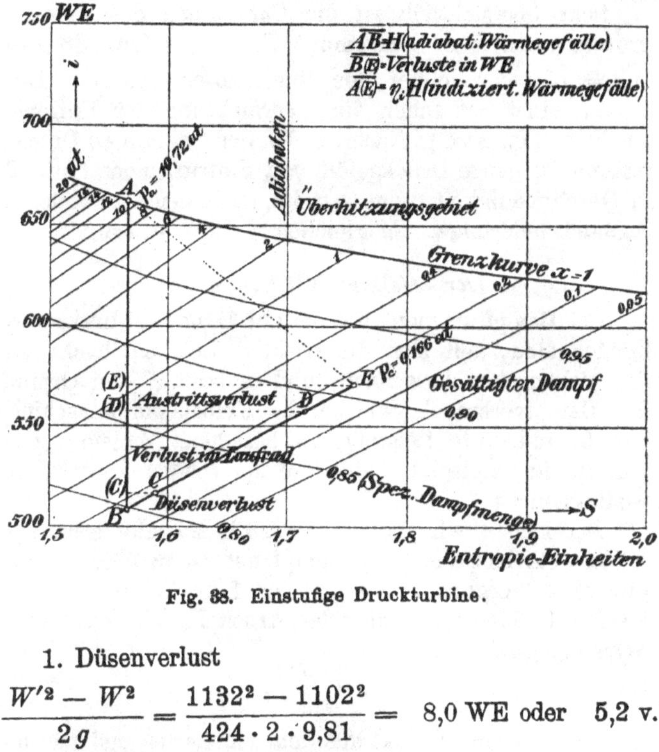

Fig. 38. Einstufige Druckturbine.

1. Düsenverlust

$$A\frac{W'^2 - W^2}{2g} = \frac{1132^2 - 1102^2}{424 \cdot 2 \cdot 9{,}81} = 8{,}0 \text{ WE oder } 5{,}2 \text{ v. H.}$$

2. Verlust in der Schaufel

$$A\frac{R^2 - r^2}{2g} = \frac{787^2 - 582^2}{424 \cdot 2 \cdot 9{,}81} = 33{,}7 \;\;„\;\;„\;\; 21{,}9 \;\;„$$

3. Austrittsverlust

$$A\frac{w^2}{2g} = \frac{326^2}{424 \cdot 2 \cdot 9{,}81} = 12{,}8 \;\;„\;\;„\;\; 8{,}3 \;\;„$$

$$54{,}5 \text{ WE oder } 35{,}4 \text{ v. H.}$$

Sehr übersichtlich ist die Darstellung des Arbeitsprozesses im i-S-Diagramm (Fig. 38). Die Strecke $\overline{AB} = H$ kennzeichnet den verlustlosen Prozeß. Der Düsenverlust hat schon eine Vermehrung der Entropie zur Folge (Punkt C). Nachdem bei der einstufigen Druckturbine das ganze Druckgefälle vor Eintritt in das Laufrad in Geschwindigkeit umgesetzt ist, so finden die weiteren Zustandsänderungen bei gleichem Drucke p_e statt.

Der effektive Wirkungsgrad.

Bei Dampfturbinen, die oft mit Dynamos direkt verbunden sind, läßt sich die effektive Leistung leicht aus der elektrischen berechnen, und es besteht kein Grund, den Dampfverbrauch, wie bei der Kolbendampfmaschine, auf die indizierte Leistung zu beziehen. Zudem sahen wir an dem Beispiel, daß diese nur schätzungsweise zu bestimmen ist.

Bezeichnen wir die an der Turbinenwelle erhaltene effektive Arbeit aus 1 kg Dampf mit L_e in mkg, so ergibt sich, verglichen mit der aus 1 kg Dampf in einer idealen Turbine zu erhaltenden Arbeit L_i^0 ein ‚effektiver' Wirkungsgrad

(168) $$\eta_e = \frac{L_e}{L_i^0},$$

der sich als ein Produkt aus dem indizierten und mechanischen Wirkungsgrad darstellt:

$$\eta_e = \eta_i \cdot \eta_m .$$

Stellen wir nun an der untersuchten Turbine durch Messung einen Dampfverbrauch von G kg in einer Stunde fest, so beträgt die Nutzleistung der Turbine

$$N_e = \frac{G L_e}{60 \cdot 60 \cdot 75} \text{ PSe},$$

wofür mit den Gl. (168) und (164):

$$\eta_e = \frac{L_e}{L_i^0} \quad \text{und} \quad L_i^0 = \frac{i_a - i_e}{A}$$

auch

$$(169) \qquad N_e = \eta_e \frac{G(i_a - i_e)}{637} \text{ PSe}$$

geschrieben werden kann.

Andere Turbinenarten.

Brauchbare Umlaufzahlen bekommt man bei den meisten Dampfturbinensystemen durch Teilen des Wärmegefälles und stufenweise Ausnützung: mehrstufige Turbinen, bei denen Leitvorrichtungen und Laufräder abwechselnd aufeinanderfolgen.

Bei der Druckturbine werden die einzelnen Laufräder bei gleichbleibendem Druck durchströmt. Bei der Überdruckturbine haben auch die Laufräder stetig zunehmenden düsenartigen Querschnitt, so daß in ihnen Druckabfall stattfindet.

Die rechnerische Behandlung dieser Turbinen ist umständlich, dagegen sind durch graphische Methoden die Strömungsvorgänge gut zu veranschaulichen. Als Beispiel einer Druckturbine mit mehreren Stufen diene Fig. 39. Die Austeilung des Gefälles einer zu entwerfenden Turbine ist möglichst gleichmäßig vorzunehmen, damit die Ausnützung eine gute wird, und die Querschnitte sind richtig zu bemessen, um verlustbringende Stauungen zu vermeiden.

Der thermische Wirkungsgrad ist natürlich auch hier in erster Linie von dem gesamten auszunützenden Wärmegefälle abhängig. Die Anwendung überhitzten Dampfes bringt bei Dampfturbinen aber nicht nur thermodynamischen Gewinn, sondern trägt auch zur Verminderung der Dampfreibung an den Schaufeln bei.

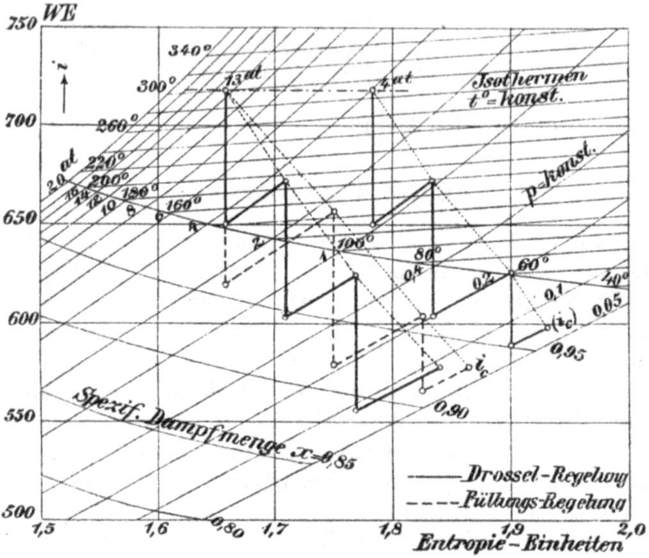

Fig. 39. Druckturbine mit drei Stufen.

Die Regelung der Dampfturbinen.

Wie bei jeder Kraftmaschine soll auch bei den Dampfturbinen die Leistung sich den Belastungsschwankungen anpassen.

Man erreicht dies durch Regelung des Dampfdurchflusses. In Gl. (169), deren Anwendung ohne weiteres auf alle Turbinensysteme ausgedehnt werden kann, hat eben eine Verkleinerung der Dampfmenge G auch eine kleinere Leistung N_e zur Folge.

Reine Füllungsregelung, bei der das Wärmegefälle ungeändert bleibt, geschieht durch Ausschalten einiger Düsen und ist bei Überdruckwirkung überhaupt nicht verwendbar.

Aus praktischen Gründen wird zumeist die Drosselregelung angewandt. Die Drosselung des Dampfes ist ein Vorgang, der sich thermodynamisch bei gleichbleibendem Wärmeinhalt i_a abspielt (Horizontale —·—·— in Fig. 39). Neben der Dampfmenge sinkt dabei der Druck vor den Düsen und die Entropie des Anfangszustandes nimmt zu. Die weitere Folge ist eine Verkleinerung des Wärmegefälles $H = i_a - i_c$, da die Kondensatorwärme (i_c) in Fig. 39 trotz besseren Vakuums zugenommen hat.

Bei beiden Regelungsarten ist aber die Änderung des Wirkungsgrades η_e oder vielmehr des darin enthaltenen Faktors η_i verschieden, so daß ein teilweiser Ausgleich zugunsten der Drosselregelung stattfindet. Dabei verschiebt sich die Leistung der einzelnen Stufen; die ersten Stufen bekommen einen größeren Anteil, wie aus der Gefällsverteilung in Fig. 39 für drei Druckstufen zu ersehen ist.

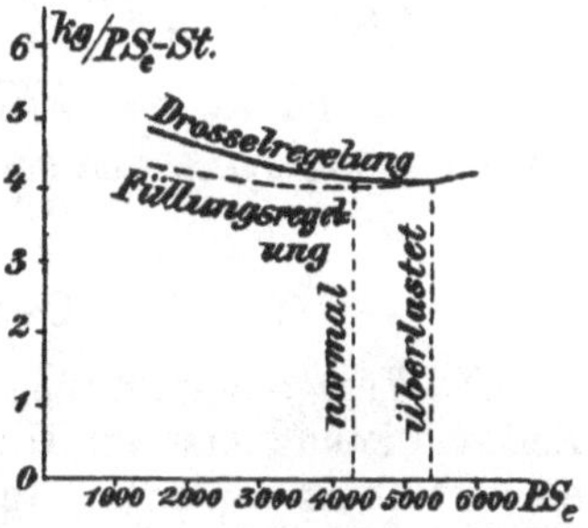

Fig. 40.

Dampfverbrauch und Leistung ändern sich nach Fig. 40, abgenommen an einer A.-E.-G.-Dampfturbine. Diese Turbine hat zehn Stufen und ist als Druckturbine (System Curtis, S. G.. Die Dampfturbinen, S. 42 und 84) gebaut.

Daß auch für Überdruckturbinen mit Drosselregelung

ähnliche Verhältnisse vorliegen, geht aus Fig. 41 hervor. Die Kurve -·-·- stellt demgegenüber Versuchswerte einer Kolbendampfmaschine dar; die ausgezogene Kurve gibt diese Werte auf die Dampfverhältnisse (Druck und Überhitzung) der Turbine umgerechnet, um einen Vergleich möglich zu machen.

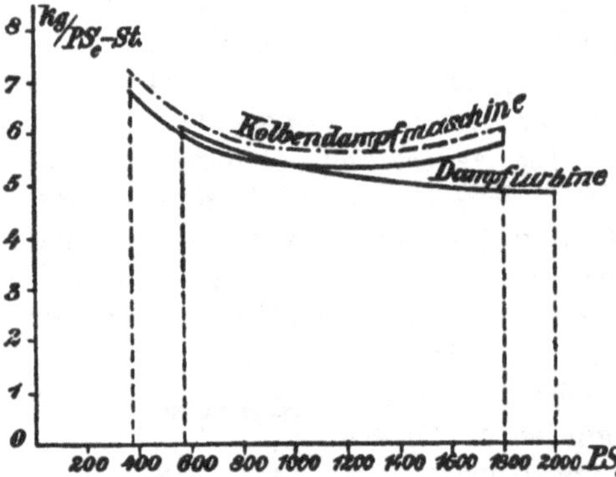

Fig. 41. Überdruckturbine (ältere Versuchswerte) und Kolbendampfmaschine.

Die Gasturbine.

Die Wasserdampfturbine ist eine Schöpfung der neueren Zeit und konnte erst auf Grund einer ausgebildeten Werkstättentechnik erstehen. Ihre Entwicklung ist dadurch beschleunigt und den verschiedenen Verhältnissen leichter angepaßt worden. Die direkte Erzeugung drehender Bewegung ist ein Vorteil, der oft sehr erwünscht ist.

Ja man ist, um diesen festzuhalten, so weit gegangen, den Verbrennungsvorgang in eine Turbine zu verlegen: diese Feuerturbine oder Gasturbine würde dann in thermodynamischer Hinsicht zu den mit Wasserdampf getriebenen

Turbinen sich ähnlich verhalten, wie die im nächsten Abschnitt betrachteten Verbrennungsmaschinen mit Zylinder und Kolben zu den Kolbendampfmaschinen. Wir wissen, daß eine direkte Ausnützung der in den Verbrennungsgasen enthaltenen Energie einen besseren thermischen Wirkungsgrad zur Folge hat, weil der zur Arbeit herangezogenen Wärme ein höheres Niveau zur Verfügung steht. Die Schwierigkeit bei Anordnung einer Turbine liegt nun darin, dieses Niveau zu halten.

Wollen wir die Verbrennung vor der Turbine bei gleichbleibendem Druck durchführen, um eine möglichst gleichmäßige für die Ausnützung günstige Strömung zu erzielen, so ist Arbeitsaufwand nötig, um die Verbrennungsluft auf höheren Druck zu bringen. Wir erreichen dies durch einen Kompressor, der konsequenterweise ebenfalls rotierend anzubringen wäre. Neben hohen Ansprüchen an das Material in der von den heißen Gasen durchströmten, arbeitverrichtenden Turbine werden so auch für die arbeitverzehrende Seite neue konstruktive Forderungen gestellt, und der Bau einer solchen Maschine hat nur dann Erfolg, wenn die mechanischen Verhältnisse so eingerichtet sind, daß nach Abzug aller Widerstandsarbeiten ein genügend großer Gewinn an nutzbarer Arbeit übrigbleibt.

II. Die Verbrennungskraftmaschinen.

A. Eigenschaften der Kraftstoffe.

1. Gase.

Die ersten Gasmaschinen wurden für Leuchtgas hergestellt.

Für Kraftzwecke erzeugt man meist eine andere Gasart in Generatoren, die mit der Maschine verbunden sind, das Kraftgas.

(Bedarf von Kleinkraftmaschinen.)

Da man in der Industrie auch Gase von geringerem Heizwert: Hochofengase in größeren Mengen als Abgase erhält, so hat gerade hier der Bau von Maschinen große wirtschaftliche Erfolge. Das Koksofengas mit höherem Heizwert ähnelt dem ungereinigten Leuchtgas (Entwicklung zur Großgasmaschine.)

Generatoranlagen.

1. *Luftgas* entsteht durch unvollkommene Verbrennung in einem Schachtofen mit Rost

$$\overset{12\,g}{C} + \overset{16\,g}{{}^1/_2\,O_2} = \overset{28\,g}{CO} \qquad +29{,}3\ \text{WE.}$$

Der Prozeß wird annähernd verwirklicht bei Erzeugung aus wasserfreiem Koks und trockener Luft: großer Stickstoffgehalt. Einige Prozente CO_2 lassen sich nicht vermeiden.

$$1\ \text{kg C verbrennt zu } \frac{28}{12}\ \text{kg CO mit } \frac{29{,}3 \cdot 1000}{12} \approx 2440\ \text{WE}$$

$$\frac{28}{12}\ \text{„ CO „ „ } \frac{44}{12}\ \text{„ } CO_2\ \text{„ } \frac{68 \cdot 1000}{12} \approx 5660\ \text{„}$$

$$1\ \text{kg C liefert } \frac{44}{12}\ \text{kg } CO_2 \text{ mit } \frac{97 \cdot 1000}{12} \approx 8100\ \text{WE.}$$

Die Bildungswärme des Kohlenoxyds erhitzt den Generator stark und wäre vor Verwendung des Gases in einer Maschine durch Kühlwasser abzuführen. Selbst der an sich geringe Wirkungsgrad

$$\eta_{\text{Luftgas}} = \frac{5660}{8100} \approx 0{,}70$$

kann wegen Kohlensäurebildung und Wärmeverlust niemals erreicht werden.

2. *Wassergas (Koksgas)*: Leitet man Wasserdampf durch glühenden Koks, so entsteht ein Gemenge von Kohlensäure und Wasserdampf:

$$C + 2\,H_2O = CO_2 + H_2\,.$$

Bei überschüssigem, glühendem C kann Kohlensäure zu Kohlenoxyd umgebildet werden:

$$CO_2 + C = 2\,CO\,,$$

so daß bei bestimmten Temperaturen der Prozeß so ziemlich nach der Gleichung

$$C + H_2O = CO + H_2 - 28{,}3\ \text{WE}$$

verläuft. Nach dem Einblasen von Wasserdampf muß durch Luft die Glut neu entfacht werden: Abwechselndes „Heizen" und „Gasen"; Aufspeicherung nötig.

3. *Kraftgas* erhält man durch gleichzeitige Einführung von Luft und Wasserdampf, oder durch Verbindung der beiden Prozesse 1. und 2. Die bei dem einen frei werdende Energie (+29,3 WE) wird zum Teil (—28,3 WE) wieder chemisch gebunden: Die starke Erhitzung bei 1. kommt in Wegfall, der Wirkungsgrad muß wachsen, der Stickstoffgehalt verringert sich.

Einer theoretischen Ableitung des Wirkungsgrades stellen sich Schwierigkeiten entgegen, da das Verhältnis in der Bildung von Kohlenoxyd und Kohlensäure an chemische Gleichgewichtszustände geknüpft ist. Die durch den Wasserstoff, der zur Sumpfgasbildung beiträgt, noch verwickelter gemachten Verhältnisse kommen auch in dem stets schwankenden Heizwert zum Ausdruck.

Endgültige praktische Wirkungsgrade mit Berücksichtigung aller Verluste (Aschenfall, Erwärmung der Gase, Wärmestrahlung) sind ungefähr 70 v. H. für kleine, 80 v. H. und höher für größere Anlagen.

Betriebsbedingungen an der Maschine.

Das Wesen der Verbrennungsmaschinen und somit ihre hauptsächlichste Unterscheidung von der Kolbendampfmaschine beruht darin, daß die Verbrennungsgase eines Kraftstoffes ohne weitere Wärmeumsetzung zur sofortigen Arbeitsleistung im Zylinder der Maschine herangezogen werden.

Es können dabei zum Betrieb der Maschine verschiedene, für eine solche Verbrennung geeignete Stoffe gewählt werden; wir erhalten so Betriebsbedingungen, zu denen wir vor allem den Heizwert des verwendeten Brennstoffes, die zur Verbrennung nötige Luftmenge und weiter die Zündbarkeit des gebildeten Gasluftgemisches zählen können.

Der Heizwert.

Alle zur Verwendung kommenden Gase sind Gemische; ihr Heizwert kann berechnet werden, wenn wir die Zusammensetzung ermitteln und die Heizwerte der brennbaren Einzelbestandteile als bekannt voraussetzen (Beispiel für Leuchtgas S. 107).

Da uns aber im Kalorimeter von Junkers ein Apparat zur Verfügung steht, mit dem der Heizwert von Gasen direkt bestimmt werden kann, so ist es richtiger, in allen Fällen den durch Versuch erhaltenen Wert zugrunde zu legen.

Der theoretische Luftbedarf.

Für jede Gasart, deren Zusammensetzung bekannt ist, läßt sich eine geringstmögliche, zur theoretischen Verbrennung nötige Luftmenge angeben. Mit den drei Verbrennungsgleichungen

$$\underset{1\text{ Vol.}}{H_2} + \underset{1/2\text{ Vol.}}{1/2\,O_2} = \underset{1\text{ Vol.}}{H_2O}$$

$$\underset{1\text{ Vol.}}{CO} + \underset{1/2\text{ Vol.}}{1/2\,O_2} = \underset{1\text{ Vol.}}{CO_2}$$

$$\underset{1\text{ Vol.}}{CH_4} + \underset{2\text{ Vol.}}{2\,O_2} = \underset{1\text{ Vol.}}{CO_2} + \underset{2\text{ Vol.}}{2\,H_2O}$$

kann der Sauerstoffbedarf für die Bestandteile eines Kraftgases festgestellt werden. Es ergeben sich so 0,26 cbm Sauerstoff oder $0{,}26\,\frac{100}{21} = 1{,}24$ cbm Luft für 1 cbm Kraftgas von der in der folgenden Tafel gegebenen Zusammensetzung.

Bestandteile des Gases	in Raumteilen	Sauerstoffbedarf		Verbrennungsprodukte	
		nach den Verbrennungsgleichungen	mit der Zusammensetzung	Kohlensäure	Wasserdampf
	cbm	Raumteile	cbm	cbm	cbm
Wasserstoff . .	0,18	1/2	0,09	—	0,18
Kohlenoxyd . .	0,26	1/2	0,13	0,25	—
Sumpfgas . . .	0,02	2	0,04	0,02	0,04
Kohlensäure .	0,07	—	—	—	—
Stickstoff . . .	0,47	—	—	—	—
	1,00		0,26	0,27	0,22

Auf gleiche Weise erhalten wir auch die in den Verbrennungsgasen enthaltene Kohlensäure und den Wasserdampf. Der Stickstoff der Verbrennungsluft: $0,26 \frac{79}{21}$ cbm wird durch den im Kraftgas schon enthaltenen Stickstoff vermehrt.

Für Leuchtgas vergleiche das Beispiel S. 104.

Der praktische Luftbedarf und die Zündung.

Ein Gemisch mit der geringstmöglichen Luftmenge müßte theoretisch die stärkste Verpuffung und die größte Temperaturerhöhung geben, weil sich die entwickelte Wärme auf eine kleinste, zu erwärmende Menge Verbrennungsgas verteilt.

Für eine Maschine jedoch hat man, wie leicht einzusehen, den Luftbedarf höher zu wählen, einmal, weil vollkommene Mischung, Verpuffung und Verbrennung nur bei Luftüberschuß möglich ist. Es ist dies eine allen Brennstoffen gemeinsame Eigenschaft. Weiterhin würden zu starke Gemische nicht verwendbare Temperaturen und Drücke erzeugen, welche Materialbrüche und zu schnelle Abnützung der Maschinenteile herbeiführen müßten.

Entgegengesetzt aber könnte man mit der Luftverdünnung nur so weit gehen, bis gerade noch Zündung gewährleistet ist. Es ergibt sich also in der Mitte ein praktischer Luftbedarf, dessen Größe auf den Zylinderinhalt und die Abmessungen der Maschine für eine verlangte Kraftleistung bestimmend einwirkt. An der im Betrieb befindlichen Maschine müssen sich bei richtiger Einstellung Brennstoffersparnisse erzielen lassen. Über Ausführung der Zündung, das Verhalten wechselnder Gemische usw. können wir auf S. G.: Die Gaskraftmaschinen verweisen.

2. Flüssige Brennstoffe.

Im Vordergrund stehen die Destillate des Erdöls (Rohöl). Das flüssige Benzin kann schon durch Verdunsten ein brennbares Gemisch bilden. Das eigentliche Petroleum, wie es auch zur Beleuchtung dient, destilliert bei höherer Temperatur und ist wegen schlechterer Zündung und Geruch der Abgase bei Verpuffungsmaschinen weniger beliebt, dagegen für Maschinen nach dem System Diesel ein sehr geeigneter Betriebsstoff. Hier kann auch der Rückstand der Destillation (russ. Masuth) und das Rohöl (Naphtha) verbrannt werden.

Anderer Herkunft ist das Benzol (aus Steinkohlenteer) und das Paraffinöl (aus Braunkohlenteer); ähnliche Destillate sind Ergin und andere, von den Maschinenlieferanten ausprobierte Betriebsstoffe. Spiritus ist ein Gärungsprodukt der Landwirtschaft. Für die praktische Verwendbarkeit ist in allen Fällen der Preis an Ort und Stelle maßgebend.

Was die Eigenschaften dieser Kraftstoffe betrifft, so ist die Art und Weise für Herstellung eines guten Gemisches durch die Siedetemperatur wesentlich beeinflußt. Wenn Verdunsten und Zerstäuben nicht mehr genügt, ist durch Vorwärmen die Verdampfung herbeizuführen, für noch höher siedende Brennstoffe ist Zerstäubung mit Preßluft nötig.

Bei inniger Mischung mit Luft arbeiten diese Stoffe wie Gase, nur muß der praktische Luftüberschuß verhältnismäßig höher gewählt werden, damit jedes Teilchen den zu seiner Verbrennung nötigen Sauerstoff findet.

Einen Ausgleich für größere Verdünnungen mit Luft schafft das Verdichten der Ladung, das bei Verpuffungsmaschinen Brennstoff- und Sauerstoffteilchen enger aneinander drängt und das Gemisch der Entzündungstemperatur näher bringt.

Über den Hauptgrund aber, warum das Verdichten vor der Entzündung den größten Fortschritt im Bau der Verbrennungsmaschinen brachte, wollen wir uns im folgenden klar werden; wir nehmen unsere Betrachtungen vom thermodynamischen Standpunkt aus auf.

B. Die Verpuffungsmaschinen in thermodynamischer Betrachtung.

Das theoretische Diagramm.

Zugrunde legen wollen wir das Arbeitsdiagramm einer einfach wirkenden Viertaktmaschine (älterer Ottoscher Viertaktmotor); der Linienzug $\overline{abcdea}$ (Fig. 42) zeigt die Arbeitsweise der Maschine:

1. Hub: Ansaugen von Gas und Luft $\overline{ab}$,
2. Hub: Verdichten des Gemisches $\overline{bc}$,
3. Hub: Verbrennung der Ladung und Ausdehnung der Verbrennungsgase $\overline{cde}$,
4. Hub: Ausstoßen der Verbrennungsgase $\overline{ea}$.

Wegen der bei einer Verbrennung entstehenden, hohen Temperaturen ist eine Kühlung der Zylinderwandungen aus Materialrücksichten unumgänglich notwendig. Um die Verhältnisse einfacher zu gestalten, wollen wir für unser theoretisches Diagramm von einer solchen Wärmeabgabe nach außen während des ganzen Arbeitsprozesses absehen: Das Diagramm $\overline{01230}$ bleibt daher ein unerreichbares Vorbild. Es würde zudem nur bei plötzlicher, keine Zeit beanspruchender Verpuffung entstehen, was ebenfalls praktisch nicht verwirklicht werden kann.

Bei einem Verdichtungsraum V_1 und einem Hubvolumen V_h finde demnach

Verpuffung $\overline{1\,2}$ bei gleichbleibendem Volumen V_1,

Ausdehnung $\overline{2\,3}$ adiabatisch mit dem Ausdehnungsverhältnis $\frac{V_1}{V_1 + V_h} = \frac{1}{\varepsilon}$,

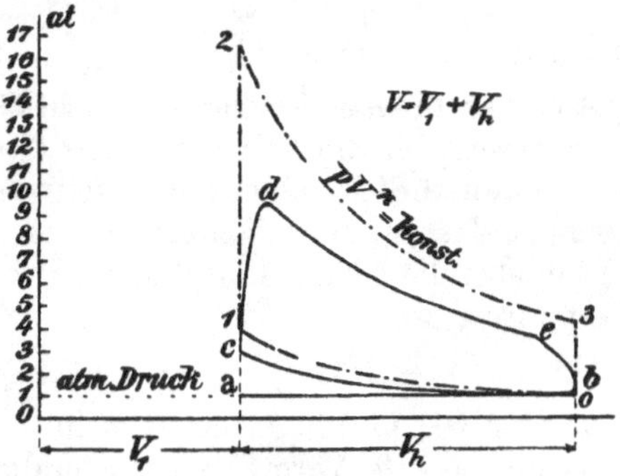

Fig. 42. Arbeitsdiagramm der älteren Leuchtgasmaschine.

Druckabfall $\overline{3\,0}$ bei gleichbleibendem Volumen $V = V_1 + V_h$,

Verdichtung $\overline{0\,1}$ adiabatisch mit dem Verdichtungsverhältnis $\varepsilon = \frac{V}{V_1} = \frac{V_1 + V_h}{V_1}$

statt.

Der theoretisch-thermische Wirkungsgrad.

Im Verdichtungsraum bleibt immer ein Teil Verbrennungsrückstände, so daß die jeweils arbeitende Gasmischung (G kg) aus Gas (G_g kg), Luft (G_l kg) und Rückständen (G_r kg) besteht.

Die Anfangstemperatur T_0 ist durch Mischen der

Ladung mit den heißen Rückständen höher geworden als die Temperatur der Außenluft.

Die Temperatur T_1 läßt sich bei Annahme einer adiabatischen Kompression des Gesamtgemisches berechnen:

$$T_1 = T_0 \cdot \varepsilon^{\varkappa - 1}.$$

Durch die Verpuffung $\overline{12}$ wird der arbeitenden Menge eine Wärme

$$q_1 = V_g \mathfrak{H}$$

zugeführt, wenn wir mit V_g das Volumen der in den Laderaum eingetretenen Brennstoffmenge (Gewicht G_g kg) und mit $\mathfrak{H}$ den Heizwert für die Volumeneinheit (1 cbm Gas) bezeichnen, wobei natürlich Volumen und Heizwert auf dieselben Druck- und Temperaturverhältnisse zu beziehen sind.

Dann kann aber die Temperaturerhöhung von T_1 auf T_2 bei der Verpuffung aus

$$q_1 = G\,c_v(T_2 - T_1)$$

berechnet werden [Gl. (37) S. 33 der T. W.].

Nachdem die höchste Verpuffungstemperatur T_2 sich bei der adiabatischeu Expansion zum Teil wieder auf T_3 erniedrigt hat, ist der Druckabfall $\overline{30}$ mit einer Wärmeentziehung

$$-q_2 = -G\,c_v(T_3 - T_0)$$

vorstellungsweise in Verbindung zu bringen.

Der Arbeitsprozeß der vorhandenen Maschine ist offen, d. h. die arbeitende Menge erneuert sich ständig, da die Abgase nicht mehr verwendet werden können. Für unseren thermodynamischen Vergleich haben wir aber den geschlossenen Kreisprozeß $\overline{01230}$ zu wählen, der mit dem an der Maschine abgenommenen Arbeitsdiagramm den Punkt *0* am Ende des Ansaugehubes gemeinsam habe.

Da wir nun die einzelnen Prozesse auf umkehrbare Zustandsänderungen zurückgeführt haben, wird der Wirkungsgrad des Idealprozesses berechenbar. Wenn nämlich während der adiabatischen Prozesse $\overline{0\,1}$ und $\overline{2\,3}$ kein Wärmeaustausch stattfinden soll, so muß die in Arbeit verwandelte Wärme AL_0 sich allein aus den beiden Wärmemengen q_1 und $-q_2$ zu

$$AL_0 = q_1 - q_2$$

ergeben, und der theoretisch-thermische Wirkungsgrad wird aus

$$\eta_t{}^0 = \frac{AL_0}{q_1} = \frac{q_1 - G\,c_v(T_3 - T_0)}{q_1} \tag{170}$$

erhalten.

Thermodynamische Vereinfachungen.

Unter Beibehaltung der gemachten Voraussetzungen ist nach Gl. (54) S. 43 der T. W. die äußere Arbeit einer

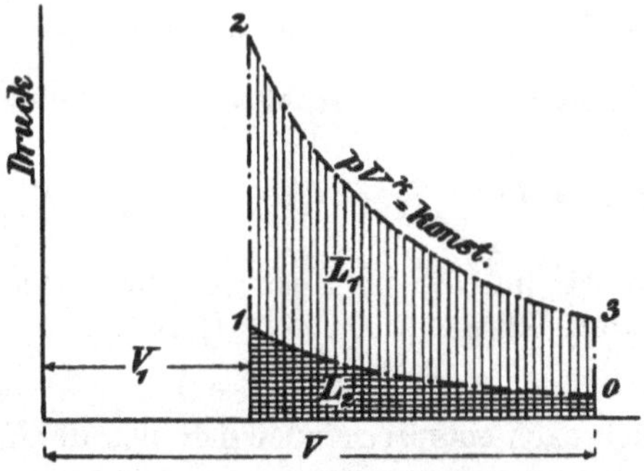

Fig 43.

adiabatischen Zustandsänderung $\overline{2\,3}$ (senkrecht schraffiert in Fig. 43) der Wärmemenge

$$AL_1 = G\,c_v(T_2 - T_3)$$

und ebenso die Arbeitsfläche unter der Adiabate $\overline{01}$ (wagrecht schraffiert) der Wärmmenge

$$-AL_2 = -G c_v(T_1 - T_0)$$

gleichzusetzen.

Die ideale Diagrammfläche AL_0 ist also auch durch

$$AL_0 = AL_1 - AL_2 = G c_v[(T_2 - T_3) - (T_1 - T_0)]$$

gegeben.

Da Verdichten und Ausdehnen in einem und demselben Zylinder stattfindet, so entsprechen sich Kompressions- und Expansionsverhältnis, oder nach Gl. (52) S. 42 der T. W. stehen die Temperaturen

$$T_3 = T_2\left(\frac{V_1}{V}\right)^{\varkappa-1} \quad \text{und} \quad T_1 = T_0\left(\frac{V}{V_1}\right)^{\varkappa-1}$$

in der Beziehung $\dfrac{T_3}{T_2} = \dfrac{T_0}{T_1}$.

Setzen wir also $T_3 = T_2 \dfrac{T_0}{T_1}$ in die eben für AL_0 aufgestellte Gleichung ein, so erhalten wir mit einer kleinen Umstellung

$$AL_0 = G c_v\left[(T_2 - T_1) - \frac{T_0}{T_1}(T_2 - T_1)\right].$$

Bilden wir mit diesem Ausdruck das Verhältnis zur aufgewandten Wärme

$$q_1 = G c_v(T_2 - T_1),$$

so zeigt sich nach entsprechender Kürzung der Wirkungsgrad

$$(171) \quad \eta_t{}^0 = \frac{AL_0}{q_1} = \frac{G c_v\left[(T_2 - T_1) - \frac{T_0}{T_1}(T_2 - T_1)\right]}{G c_v(T_2 - T_1)} = 1 - \frac{T_0}{T_1}$$

schon durch die Verdichtungstemperatur T_1 bestimmt.

Ohne weiteres lassen sich hier nach Gl. (52) und (53), S. 42 der T. W. auch die Druck- und Volumenverhältnisse einführen:

$$(172) \quad \eta_t^0 = 1 - \left(\frac{V_1}{V}\right)^{\varkappa - 1} \quad \text{und} \quad \eta_t^0 = 1 - \left(\frac{p_0}{p_1}\right)^{\frac{\varkappa - 1}{\varkappa}},$$

oder in Worten: *Der theoretisch-thermische Wirkungsgrad von Verpuffungsmaschinen ist hauptsächlich von der Verdichtung oder dem erreichten Verdichtungsdrucke abhängig.*

Die für einen thermodynamischen Vergleich benötigten Werte.

Während der Verdichtungsraum beim alten Otto noch ungefähr $^3/_5$ des Hubraumes betrug und dementsprechend eine Verdichtungsspannung von 3 at abs. erreicht wurde, zeigt sich in der Entwicklung des Gasmotorenbaues das Bestreben, die Kompression stetig zu erhöhen. Eine Grenze liegt in den Frühzündungen.

Bei den neueren Ausführungen ist der Verdichtungsraum zum größten Teil in den Zylinderkopf verlegt und so verkleinert, daß gegen früher für Leuchtgas z. B. die Kompressionsdrücke drei- bis viermal so hoch gewählt sind.

Wir wollen nun an einer ausgeführten Maschine die Zulässigkeit und Tragweite der gegebenen Beziehungen erweisen und zu diesem Zweck auf ein bestimmtes Zahlenbeispiel zurückgehen.

1. Untersuchungsangaben für die vorhandene Maschine.

Eigenschaften der Maschine (neuere Bauart).

Zylinderdurchmesser $d = 172$ mm;

Kolbenfläche $\frac{d^2\pi}{4} = 232{,}353$ qcm;

Kolbenhub $s = 340$ mm;

Hubraum $V_h = \frac{d^2\pi}{4} \cdot s = 7{,}900$ cdm;

Umlaufszahl $n = 160$ Umdrehungen in der Minute.

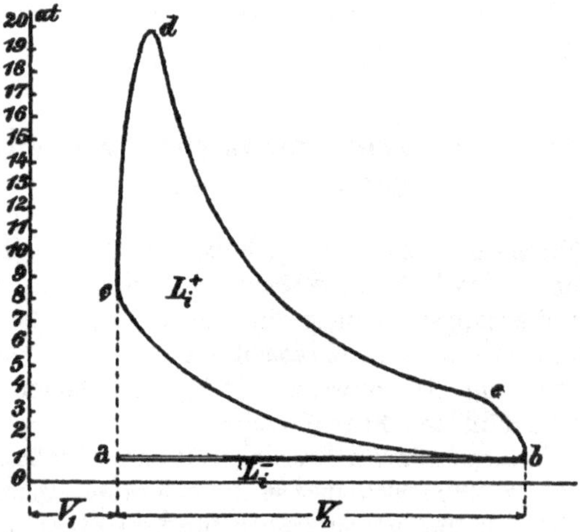

Fig. 44.

Der Inhalt des Verdichtungsraumes (Kolbenstellung innen) ist durch Auffüllen mit Wasser gemessen zu $V_1 = 1{,}712$ cdm, womit sich ein Gesamtraum (Kolbenstellung außen) $V = V_1 + V_h = 9{,}612$ cdm und ein Kompressionsverhältnis

$$\varepsilon = \frac{V_1 + V_h}{V_1} = \frac{9{,}612}{1{,}712} = 5{,}6145$$

ergibt.

Abnahme von Indikatordiagrammen.

Einen Einblick in die Arbeitsvorgänge, die sich in der Maschine abspielen, gewährt bei richtiger Deutung das Indikatordiagramm. Es kann hier nicht unsere Aufgabe sein, auf die Maßnahmen bei der Untersuchung und die Berichtigungsmethoden einzugehen; in Fig. 44 sei gleich ein auf richtigen Druckmaßstab umgezeichnetes, mittleres Indikatordiagramm vorausgesetzt.

Der wirksame Druck beträgt im Mittel $p_m^+ = 5{,}54$ kg/qcm. Für das Ansaugediagramm, aufgenommen mit schwächerer Feder, haben wir nach Fig. 45 einen mittleren Druck $p_m^- = 0{,}12$ kg/qcm anzunehmen, der Druckunterschied ist $p_m = 5{,}42$ kg/qcm.

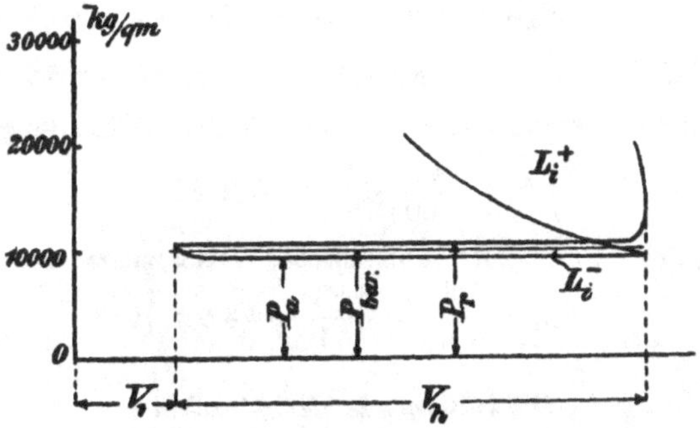

Fig. 45.

Der Ansaugedruck ist $P_a = 9350$ kg/qm und der Druck beim Ausschieben der Verbrennungsgase $P_r = 10700$ kg/qm.

Die Temperatur der Umgebung wird zu $t_u = 19°$ C und der Druck des Barometerstandes zu $P_{\text{bar}} = 10080$ kg/qm erhalten.

Leistung und Leuchtgasverbrauch.

Durch Bremsen der Welle wird eine nutzbare Leistung von $N_e = 5{,}98$ PSe festgestellt. Der Leuchtgasverbrauch beträgt nach einer geeichten Gasuhr 3,367 cbm in 1 Stunde oder 0,563 cbm für 1 PSe-st (unter den zuletzt angegebenen Druck- und Temperaturverhältnissen).

Bei einem Heizwert von 4670 WE für 1 cbm (s. S. 107) wird der entsprechende Wärmeverbrauch zu

$$W_e = 0{,}563 \cdot 4670 = 2629 \text{ WE für 1 PSe-st}$$

erhalten.

Die indizierte Leistung.

Auf den Kolben wirkt im Mittel ein arbeitender Druck, der für vier Hübe

$$P_m = \frac{d^2\pi}{4} \cdot p_m = 232{,}353 \cdot 5{,}42 = 1259 \text{ kg}$$

beträgt. Die Arbeit

$$P_m s = 1259 \cdot 0{,}34 = 428 \text{ mkg}$$

wird bei Viertakt $\frac{n}{2} = 80$ mal in der Minute verrichtet, so daß durch Division mit $60 \cdot 75$ eine indizierte Leistung

$$N_i = \frac{428 \cdot 80}{60 \cdot 75} = 7{,}61 \text{ PSi}$$

festgestellt wird. Der mechanische Wirkungsgrad ist

$$\eta_m = \frac{N_e}{N_i} = \frac{5{,}98}{7{,}61} = 78{,}6 \text{ v. H.}$$

Wirkungsgrade der Maschine.

Dem Wärmeaufwand W_e („gebremster" Wärmeverbrauch) entspricht ein „gesamter" Wirkungsgrad (nicht ganz zutreffend auch „wirtschaftlicher" Wirkungsgrad genannt):

$$\eta_w = \frac{637}{W_e} = \frac{637}{2629} = 24{,}2 \text{ v. H.}$$

Da 3,367 cbm Gas für die Stunde eine aufzuwendende Wärmemenge von $3{,}367 \cdot 4670$ WE ergeben, so trifft auf 1 PSi-st ein Wärmeaufwand

$$W_i = \frac{3{,}367 \cdot 4670}{7{,}61} = 2066 \text{ WE,}$$

was einem „thermischen" Wirkungsgrad

$$\eta_t = \frac{637}{W_t} = \frac{637}{2066} = 30{,}8 \text{ v. H.}$$

entspricht. Selbstverständlich gilt die Beziehung

$$\eta_w = \eta_t \cdot \eta_m = 0{,}308 \cdot 0{,}786 = 24{,}2 \text{ v. H.}$$

2. Die Beschaffenheit des arbeitenden Gasgemisches.

Zusammensetzung des Leuchtgases.

Eine Gasanalyse liefert uns die Zusammensetzung nach Raumteilen, womit wir das spezifische Gewicht berechnen können.

Bestandteile	In 1 cbm	Spez. Gewicht bei 0°, 760 mm	Gewichtsteile in 1 cbm	Zeichen
Wasserstoff . , . . .	0,484 cbm	0,0900	0,0436 kg	H_2
Sumpfgas	0,334 „	0,7160	0,2391 „	CH_4
Kohlenoxyd	0,085 „	1,251	0,1063 „	CO
Äthan	0,031 „	1,252	0,0388 „	C_2H_4
Benzol	0,011 „	3,486	0,0384 „	C_6H_6
Kohlensäure	0,022 „	1,965	0,0432 „	CO_2
Sauerstoff	0,002 „	1,4298	0,0029 „	O_2
Stickstoff	0,031 „	1,2567	0,0390 „	N_2
	1,000 cbm		0,5513 kg	

Das Gewicht von 1 cbm Leuchtgas bei 0° und 760 mm Barometerstand beträgt demnach $\gamma_0 = 0{,}551$.

Berechnung des theoretischen Luftbedarfes.

Wir denken uns eine Verbrennung mit der geringstmöglichen Luftmenge:

Bestandteile	In 1 cbm cbm	Zeichen	Volumbeziehungen bei der Verbrennung	Sauerstoffbedarf cbm	Verbrennungsprodukte Kohlensäure CO_2 cbm	 Wasserdampf H_2O cbm
Wasserstoff . . .	0,484	H_2	$^1/_2$	0,242	—	0,484
Sumpfgas	0,334	CH_4	2	0,668	0,334	0,668
Kohlenoxyd . . .	0,085	CO	$^1/_2$	0,0425	0,085	—
Äthan	0,031	C_2H_4	3	0,093	0,062	0,062
Benzol	0,011	C_6H_6	$7^1/_2$	0,0825	0,066	0,033
Kohlensäure . .	0,022	CO_2	—	—	—	—
Sauerstoff	0,002	O_2	—	—	—	—
Stickstoff	0,031	N_2	—	—	—	—
	1,000			1,1280	0,547	1,247

Zu einer Sauerstoffmenge von (1,128 — 0,002) cbm O_2 gehören $1,126 \frac{100}{21}$ cbm Luft, das ist ein theoretischer Luftbedarf $L_{min} = 5,362$ cbm auf 1 cbm Gas.

Die Verbrennungsgase bestehen dabei aus

$$\begin{array}{lll} \text{Wasserdampf} & 1,247 \text{ cbm } H_2O, \\ \text{Kohlensäure } 0,547 + 0,022 = & 0,569 \quad " \quad CO_2, \\ \text{Stickstoff } 1,126 \frac{79}{21} + 0,031 = & \underline{4,267 \quad " \quad N_2,} \\ & 6,083 \text{ cbm.} \end{array}$$

Bei der Verbrennung tritt eine Kontraktion ein. Denn 1 cbm Gas und 5,362 cbm Luft geben 6,362 cbm ursprüngliches Gas-Luft-Gemisch, das nach der Verbrennung nur mehr einen Raum von 6,083 cbm einnimmt. Der Raumunterschied von 0,279 cbm bei gleichgebliebenem Gewichte hat eine Änderung der Gaskonstante zur Folge.

Die Ladung für ein Arbeitsspiel.

Durch gleichzeitige Ablesung des Gas- und Luftzuflusses zur Maschine sei für einen einzigen Saughub und für das mittlere Diagramm eine Menge von

$$V_g = 0{,}000701 \text{ cbm Leuchtgas,}$$
$$V_l = 0{,}006059 \text{ „ Luft}$$

festgestellt.

Mit dem entsprechenden räumlichen Mischungsverhältnis 1 : 8,643 wollen wir die Gaskonstante und mit dieser das Gewicht der Ladung berechnen.

Volumen vor der Verbrennung	9,643 cbm	(Gas und Luft),
Raumverlust	—0,279 „	
Volumen nach der Verbrennung	9,364 cbm	(Verbrennungsgase).

Bei 0° und 760 mm Barometerstand beträgt das

Gewicht von 1	cbm	Leuchtgas (s. S. 103)	0,551 kg,
Gewicht von 8,643	„	Luft ($\gamma_l = 1{,}2930$)	11,175 „
Gesamtgewicht			11,726 kg.

Die Konstante eines Gasgemisches berechnet sich nach der Daltonschen Regel aus den Konstanten der Einzelbestandteile (T. W., § 11, S. 27). Wir erhalten nach der allgemeinen Formel $R_m = \frac{PV}{GT}$ für die Konstante vor der Verbrennung

$$R_1 = \frac{10333 \cdot 9{,}643}{11{,}726 \cdot 273} = 31{,}124$$

und für die nach der Verbrennung

$$R_2 = \frac{10333 \cdot 9{,}364}{11{,}726 \cdot 273} = 30{,}226.$$

Bei einem Druck $P_{bar} = 10080$ kg/qm und einer Temperatur $T_{g+l} = 273 + 19 = 292°$ wird demnach das Gewicht der einmaligen Ladung:

$$G = \frac{P_{bar}(V_g + V_l)}{R_1\, T_{g+l}} = 0{,}007498 \text{ kg.}$$

Die Zusammensetzung der Verbrennungsgase.

Die überschüssige Luft beträgt auf 1 cbm Gas

$$L - L_{min} = 8{,}643 - 5{,}362 = 3{,}281 \text{ cbm,}$$

worin 0,689 cbm Sauerstoff und 2,592 cbm Stickstoff enthalten sind.

Die Zusammensetzung der Verbrennungsgase, entstanden aus 1 cbm Leuchtgas und diesem praktischen Luftüberschuß, ist demnach

	Wasserdampf	1,247 cbm	oder	13,31	v. H.	H_2O,
	Kohlensäure	0.569 „	„	6,08	„	CO_2,
	Stickstoff	6,859 „	„	73,25	„	N_2,
	Sauerstoff	0,689 „	„	7,36	„	O_2,
in		9,364 cbm Verbrennungsgas.				

Die entsprechenden Gewichte sind:

	Wasserdampf	1,0035 kg	oder	8,558	v. H.	H_2O,
	Kohlensäure	1,1181 „	„	9,535	„	CO_2,
	Stickstoff	8,6197 „	„	73,509	„	N_2,
	Sauerstoff	0,9847 „	„	8,398	„	O_2,
in		11,7260 kg Verbrennungsgas.				

Von Unverbranntem (CH_4 und CO) sind bei diesem Luftüberschuß nur Spuren vorhanden, so daß zu deren Nachweis die gewöhnlichen Apparate der technischen Gasanalyse versagen.

Die Mischung der Ladung mit Rückständen.

Zur Berechnung der jeweils im Verdichtungsraum zurückbleibenden Verbrennungsgase kennen wir den Druck am Ende Auspuff $P_r = 10700$ kg/qm und das Volumen $V_1 = 0{,}001712$ cbm; als Temperatur kann genau genug die Temperatur der Abgase $T_r = 760^\circ$ gelten, gemessen hinter dem Auspuffventil mit einem Thermoelement. Somit ist das Gewicht dieser Rückstände

$$G_r = \frac{P_r \cdot V_1}{R_2 T_r} = 0{,}000797 \text{ kg}$$

und damit das im Zylinder nach dem Ansaugen befindliche Gesamtgewicht G bekannt:

$$\begin{aligned} G_{g+l} &= 0{,}007498 \text{ kg}, \\ G_r &= 0{,}000797 \text{ „} \\ \hline G &= 0{,}008295 \text{ kg}. \end{aligned}$$

Die zugehörige Gaskonstante ist

$$R_m = \frac{G_{g+l} R_1 + G_r R_2}{G} = 31{,}038.$$

Damit läßt sich aber die durch die Mischung entstehende Temperatur T_0 am Ende des Ansaugehubes berechnen zu

$$T_0 = \frac{P_a(V_1 + V_k)}{G R_m} = 349^\circ \text{ abs.}$$

Wärmetheoretischer Wert des Leuchtgasgemisches.

Der Heizwert für 1 cbm Leuchtgas ergibt sich bei bekannter Zusammensetzung auch durch Berechnung:

Bestandteile	In 1 cbm	Zeichen	Verbrennungswärme von 1 cbm zu Wasserdampf	Heizwert (unterer)
Wasserstoff	0,484	H_2	2570	1244
Sumpfgas	0,334	CH_4	8500	2839
Kohlenoxyd	0,085	CO	3040	258
Äthan	0,031	C_2H_4	14085	437
Benzol	0,011	C_6H_6	34300	377
Kohlensäure	0,022	CO_2	—	—
Sauerstoff	0,002	O_2	—	—
Stickstoff	0,031	N_2	—	—
				5155 WE

Dieser Heizwert $\mathfrak{H}_0 = 5155$ für 1 cbm Leuchtgas bei 0° und 10333 kg/qm Druck ist aber auf die Verhältnisse an der Maschine umzurechnen in $\mathfrak{H}' = 4702$ WE; statt dessen erhalten wir im Junkersschen Kalorimeter $\mathfrak{H} = 4670$ WE.

Es sind also in der einmaligen Ladung

$$q_1 = V_g \mathfrak{H} = 0{,}000701 \cdot 4670 = 3{,}2737 \text{ WE}$$

enthalten.

Berechnung der spezifischen Wärmen.

Für den thermodynamischen Vergleich ist noch die Kenntnis der spezifischen Wärmen bei gleichbleibendem Druck c_p und gleichbleibendem Volumen c_v sowie ihres Verhältnisses $\varkappa$ nötig.

Mit unveränderlichen Werten erhalten wir für das Leuchtgas, dessen Zusammensetzung dem Gewichte nach bekannt ist, die folgende Tafel:

Bestandteile	In 1 kg	c_p	c_v	$\varkappa$	Anteil an $(c_p)_{Gas}$	Anteil an $(c_v)_{Gas}$	Zeichen
Wasserstoff . .	0,0798	3,401	2,412	1,41	0,271	0,192	H_2
Sumpfgas . . .	0,4338	0,593	0,468	1,27	0,257	0,203	CH_4
Kohlenoxyd . .	0,1924	0,245	0,174	1,41	0,047	0,033	CO
Äthan	0,0708	0,400	0,330	1,21	0,028	0,023	C_2H_4
Benzol	0,0690	0,330	0,305	1,08	0,023	0,021	C_6H_6
Kohlensäure . .	0,0780	0,217	0,171	1,27	0,017	0,013	CO_2
Sauerstoff . . .	0,0054	0,218	0,155	1,41	0,001	0,001	O_2
Stickstoff	0,0708	0,244	0,173	1,41	0,017	0,012	N_2
	1,0000				0,661 $(c_p)_{Gas}$	0,498 $(c_v)_{Gas}$	

$$(\varkappa)_{Gas} = \frac{(c_p)_{Gas}}{(c_v)_{Gas}} = \frac{0,661}{0,498} = 1,33 .$$

Wenn nun 0,551 kg Gas mit 11,175 kg Luft gemischt sind (S. 105), so berechnen sich die spezifischen Wärmen der Ladung zu

$$\left.\begin{aligned} (c_p)_{g+l} &= \frac{0,551 \cdot 0,661 + 11,175 \cdot 0,238}{11,726} = 0,258 \\ (c_v)_{g+l} &= \frac{0,551 \cdot 0,498 + 11,175 \cdot 0,169}{11,726} = 0,185 \end{aligned}\right\} \varkappa = 1,39 .$$

Für die Verbrennungsgase dagegen gilt folgende Tafel:

Bestandteile	In 1 kg	c_p	c_v	$\varkappa$	Anteil an $(c_p)_R$	Anteil an $(c_v)_R$	Zeichen
Wasserdampf .	0,0856	0,480	0,369	1,30	0,041	0,032	H_2O
Kohlensäure . .	0,0953	0,217	0,171	1,27	0,021	0,016	CO_2
Sauerstoff . . .	0,7351	0,244	0,173	1,41	0,179	0,127	O_2
Stickstoff	0,0840	0,218	0,155	1,41	0,018	0,013	N_2
	1,0000				0,259 $(c_p)_R$	0,188 $(c_v)_R$	

$$(\varkappa)_R = \frac{(c_p)_R}{(c_v)_R} = \frac{0,259}{0,188} = 1,38 .$$

Die spezifischen Wärmen des Gesamtgemisches unterscheiden sich von den für die frische Ladung erhaltenen Werten nicht merklich. Den folgenden Rechnungen braucht keine zu große Genauigkeit zugesprochen werden, da ja verschiedene Voraussetzungen in Wirklichkeit nicht zutreffen; wir rechnen für den ganzen Kreisprozeß der Vereinfachung halber mit den zuerst erhaltenen Werten und ermöglichen so die gegebenen thermodynamischen Vereinfachungen.

Der Vergleich mit dem theoretisch-thermischen Wirkungsgrad.

Aus einer Anfangstemperatur $T_0 = 349^0$ wird nach S. 98 die Endtemperatur T_1 der adiabatischen Kompression zu

$$T_1 = T_0 \, \varepsilon^{\varkappa-1} = 349 \cdot 5{,}6145^{0{,}39} = 684^0$$

und die höchste Verpuffungstemperatur zu

$$T_2 = T_1 + \frac{q_1}{G\,c_v} = 684 + \frac{3{,}2737}{0{,}008295 \cdot 0{,}185} = 2817^0$$

erhalten.

Die adiabatische Expansion führt zu einer Temperaturerniedrigung

$$T_3 = T_2 \left(\frac{1}{\varepsilon}\right)^{\varkappa-1} = 2817 \left(\frac{1}{5{,}6145}\right)^{0{,}39} = 1437{,}3^0.$$

Nach Gl. (51) S. 42 der T. W. berechnet sich der Enddruck der adiabatischen Kompression zu

$$P_1 = P_0 \, \varepsilon^{\varkappa} = 9350 \cdot 5{,}6145^{1{,}39} = 102\,890 \text{ kg/qm}.$$

Bei dem unveränderlichen Volumen V_1 verhalten sich die Drücke wie die zugehörigen abs. Temperaturen [Gl. (36) S. 32 der T. W.], also wird der theoretische Höchstdruck

$$P_2 = P_1 \frac{T_2}{T_1} = 102\,890 \, \frac{2817}{684} = 423\,740 \text{ kg/qm}.$$

Der Enddruck der adiabatischen Expansion ist

$$P_3 = P_2\left(\frac{1}{\varepsilon}\right)^{\varkappa} = 423740\left(\frac{1}{5{,}6145}\right)^{1{,}39} = 38510 \text{ kg/qm}$$

und eine Rechnungsprobe ergibt sich aus

$$\frac{P_3}{P_0} = \frac{T_3}{T_0} \text{ mit den Werten } \frac{38510}{9350} = \frac{1437{,}3}{349}.$$

Bei dem idealen Kreisprozeß wird eine Wärme

$$q_1 = 3{,}2737 \text{ WE}$$

zugeführt und eine Wärme

$$-q_2 = -G\,c_v(T_3 - T_0)$$
$$= -0{,}008295 \cdot 0{,}185(1437{,}3 - 349) = -1{,}6701 \text{ WE}$$

abgeführt, so daß eine theoretische Arbeitsumsetzung

$$AL_0 = q_1 - q_2 = 1{,}6036 \text{ WE}$$

und ein Wirkungsgrad

$$\eta_t{}^0 = \frac{AL_0}{q_1} = \frac{1{,}6036}{3{,}2737} = 0{,}490$$

erhalten wird. Dieser kann nach den thermodynamischen Vereinfachungen, die sich aber, wie wir sehen, nur unter Beibehaltung derselben spezifischen Wärmen ergeben, auch sofort aus

$$\eta_t{}^0 = 1 - \frac{T_0}{T_1} = 1 - \frac{349}{684} = 0{,}490$$

angegeben werden.

Die positive Fläche des mittleren Indikatordiagrammes der Maschine zeigt dagegen eine Arbeit an, die im Wärmemaß zu

$$AL_i^+ = A\,p_m \cdot 10000\,V_h = \frac{55400 \cdot 0{,}0079}{424} = 1{,}0321 \text{ WE}$$

erhalten wird, so daß dem Idealprozeß gegenüber ein Verlust

$$\zeta = \frac{AL_0 - AL_i^+}{AL_0} = 35{,}6 \text{ v. H.}$$

stattfände, oder aber bei dem Wirkungsgrad

$$\eta_i' = \frac{AL_i^+}{q_1} = \frac{1{,}0321}{3{,}2737} = 0{,}315$$

ein Gütegrad der Maschine

$$\varrho = \frac{\eta_i'}{\eta_t^0} = \frac{0{,}315}{0{,}490} = 64{,}4 \text{ v. H.}$$

erreicht würde.

Diese Zahlen besitzen nach den thermodynamischen Grundlagen nur relativen Wert. Bemerkenswert ist, daß die Berechnung des idealen Prozesses mit veränderlichen spezifischen Wärmen wesentlich geringere Verlustzahlen ergibt.

Der Idealprozeß im Wärmediagramm.

Der Anschaulichkeit halber wollen wir noch den Idealprozeß in das Temperatur-Entropiediagramm übertragen. Da wir die Hauptordinaten T_0, T_1, T_2, T_3 schon kennen, so brauchen wir nur mehr die zugehörigen Abszissen zu berechnen, wobei die allgemeine Gleichung für die Entropie der Gase [Gl. (79) S. 69 der T. W.] lautet:

$$S = c_v \cdot \ln P v^{\varkappa} + \text{konst},$$

gültig für 1 kg arbeitendes Gemenge.

Daß bei der adiabatischen Kompression kein Entropieunterschied vorhanden ist, ergibt sofort die Gleichung:

$$P_0 (V_1 + V_h)^{\varkappa} = P_1 V_1^{\varkappa},$$

oder die Punkte T_0 und T_1 des Wärmediagrammes (Fig. 46) liegen auf ein und derselben Senkrechten. Es wird eben

$$S_0 = c_v \cdot \ln P_0 \left(\frac{V_1 + V_h}{G}\right)^{\varkappa}$$

$$= 0{,}185 \cdot \ln 9350 \left(\frac{0{,}009\,612}{0{,}008\,295}\right)^{1{,}39} = 1{,}7294$$

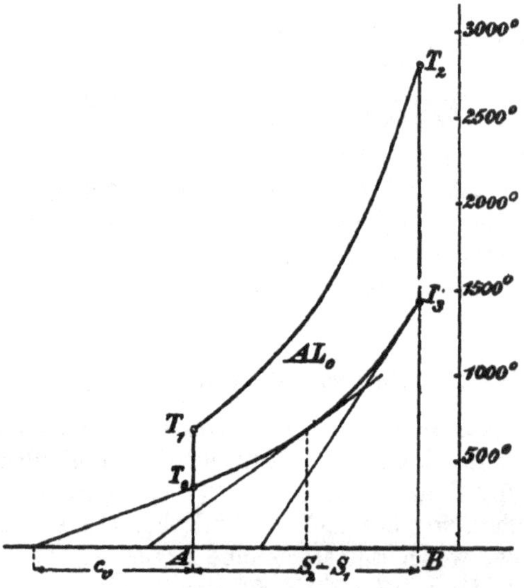

Fig. 46.

und

$$S_1 = c_v \cdot \ln P_1 \left(\frac{V_1}{G}\right)^{\varkappa}$$

$$= 0{,}185 \cdot \ln 102\,890 \left(\frac{0{,}001\,712}{0{,}008\,295}\right)^{1{,}39} = 1{,}7294\,.$$

In gleicher Weise erhalten wir

$$S_2 = c_v \cdot \ln P_2 \left(\frac{V_1}{G}\right)^{\varkappa} = S_3 = c_v \cdot \ln P_3 \left(\frac{V_1 + V_h}{G}\right)^{\varkappa} = 1{,}9912$$

und unter Wegfall der Konstanten die Entropieunterschiede

$$S_2 - S_1 = S_3 - S_0 = 1{,}9912 - 1{,}7294 = 0{,}2618\,,$$

womit die vier ausgezeichneten Punkte des Diagrammes festgelegt sind.

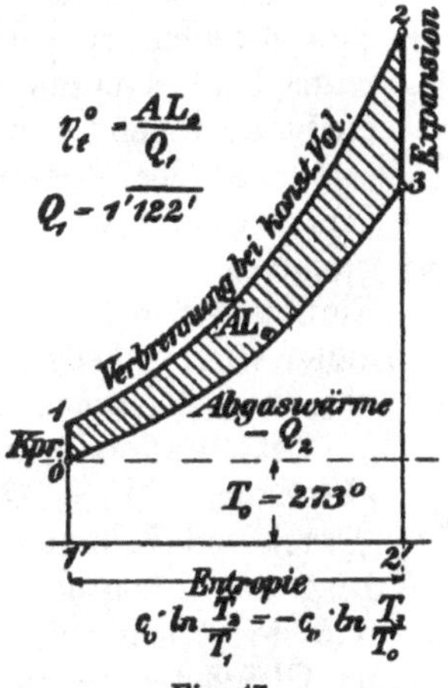

Fig. 47.

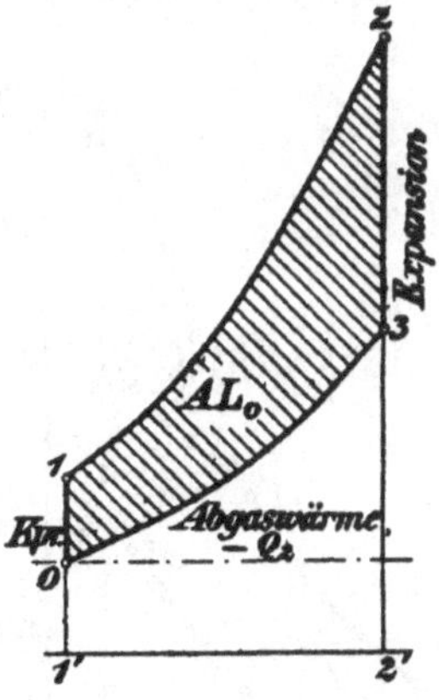

Fig. 48.

Für die Kurven konstanten Volumens $\overline{T_1 T_2}$ und $\overline{T_3 T_0}$ des Wärmediagrammes ist zu beachten, daß als Subtangente aller Punkte im Entropiemaßstab die spezifische Wärme c_v erscheint. Dies kann zur Kontrolle der Zeichnung dienen.

Der Wirkungsgrad $\eta_t{}^0$ wird in der Fig. 46 durch das Verhältnis der Fl. $\overline{T_0 T_1 T_2 T_3}$ zu der Fl. $\overline{A T_1 T_2 B}$ veranschaulicht. Den Einfluß verschieden großer Kompression auf den theoretischen Wirkungsgrad lassen die in ähnlicher Weise gezeichneten Fig. 47 u. 48 deutlich erkennen, wobei wir natürlich auch die einfachere Gl. (81) S. 73 der T. W. zur Berechnung der Entropie benützen können.

Die Kühlung des Arbeitszylinders.

Auch bei der vorhandenen Maschine ändert sich während der Kompression, der Verbrennung und Ausdehnung der Gase das arbeitende Gewicht nicht, so daß sich unter den bekannten thermodynamischen Voraussetzungen der zugehörige Linienzug des Arbeitsdiagrammes, das unter dem Einfluß der Kühlung erhalten wird, in das Wärmediagramm übertragen läßt.

Mit Hilfe der Zustandsgleichung $PV = GRT$ (Druck und Volumen dem Diagramm entnommen) und der schon angeführten Gleichung für die Entropie (S. 111) läßt sich die Zeichnung der Kurve $\overline{cde}$ (Fig. 49) bewerkstelligen.

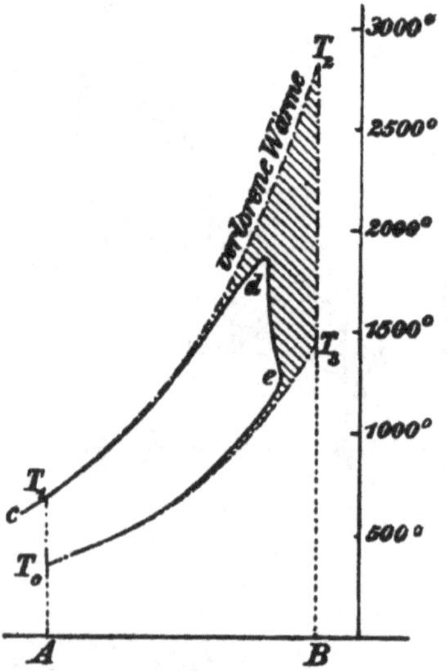

Fig. 49.

Der so erhaltene Verlust an Wärme gegenüber einem Idealprozesse ist vor allem der Kühlung zuzuschreiben. Es ist ja klar, daß in der gekühlten Maschine die theoretischen Verbrennungstemperaturen nicht erreicht werden können. Zur Vervollständigung wollen wir noch die Verteilung der Wärme betrachten in einer durch Versuch erhaltenen

Wärmebilanz:

Äquivalent der indizierten Arbeit	1,010 WE	oder	30,8	v. H.
Wärme im Kühlwasser . .	1,198 „	„	36,6	„
Wärme in den Abgasen, Strahlungsverluste usw.	1,0657 „	„	32,6	„
	3,2737 WE		100,0	

Weitere Schlüsse zu machen, ist bei den von uns beibehaltenen Voraussetzungen nicht angängig. Gerade auf dem Gebiete der Verbrennungskraftmaschinen zeigt sich die Notwendigkeit, die wissenschaftlichen Grundlagen der Thermodynamik zu erweitern. Schon bei Einführung von veränderlichen spezifischen Wärmen wird das Bild wesentlich geändert. Aber erst geeignete Untersuchungsmethoden über Zündung, Verbrennungszeit, Verhalten wechselnder Gemische geben uns Aufschlüsse über den wirklich stattfindenden Arbeitsprozeß. Immer jedoch werden bei einer Maschine Zufälligkeiten und andere Ursachen, wie z. B. Mitverbrennen von Schmieröl, Schwierigkeiten für die Ziehung von Folgerungen machen.

C. Wirkungsgrade und Wärmeausnützung bei Verpuffungsmaschinen.

Der Einfluß der Verdichtung.

Für Versuchszwecke wird man durch Veränderung der Schubstangenlänge oder durch Beilagscheiben auf dem Kolben an ein und derselben Maschine veränderliche Kompression zu erzielen suchen.

Die Abhängigkeit der Wärmeausnützung von dem Verdichtungsverhältnis zeigt Fig. 50, die auch das bisherige Beispiel enthält. Abnehmendes Verdichtungsverhältnis führt notwendig zu einem erhöhten Leuchtgas- und Wärmeverbrauch für die Pferdekraftstunde.

Durch Unterscheidung eines indizierten Wärmeverbrauchs W_i für 1 PSi-st (vgl. S. 102) läßt sich der ur-

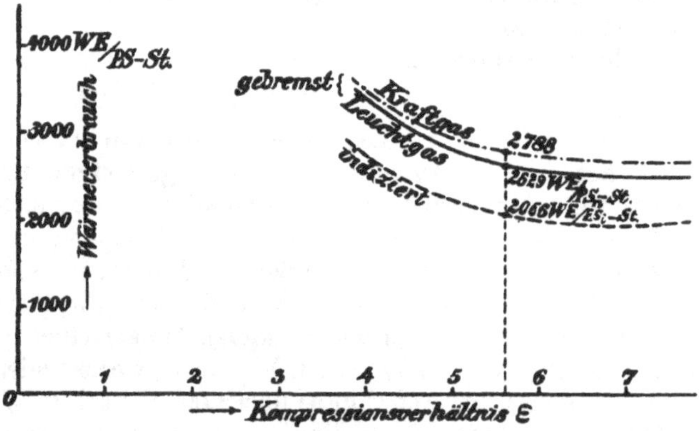

Fig. 50.

sprüngliche Arbeitsprozeß unabhängig von den mechanischen Einflüssen des Maschinengetriebes beurteilen (Kurve - - - - -).

Wir wissen, daß im Gasmotorenbau die stetig gewachsene Wärmeausnützung der neueren Maschinen hauptsächlich der Steigerung der Kompression zuzuschreiben ist. Während beim älteren Otto ein gesamter Wirkungsgrad $\eta_w = 13$ v. H. festgestellt wurde, beträgt heute die Ausnützung für Leuchtgas weit über 20 v. H. bis zu 30 v. H. entsprechend dem höheren Verdichtungsverhältnis. Natürlich ist auch der mechanische Wirkungsgrad durch den heute höher entwickelten Maschinenbau gehoben worden.

Leuchtgas und Kraftgas.

In die Fig. 50 ist noch der Wärmeverbrauch für Kraftgas als Betriebsstoff eingezeichnet.

Kraftgas hat einen bedeutend geringeren Heizwert und braucht viel weniger Verbrennungsluft als Leuchtgas. Bei einem Kraftgasverbrauch von 2,373 cbm (0^0 und 760 mm), einem zugehörigen Heizwert von ca. 1200 WE für 1 cbm und einer 1,6-fachen Luftmenge erhalten wir fast denselben indizierten Wärmeverbrauch W_i für 1 PSi-st wie bei Leuchtgas. Da sich aber bei Kraftgasbetrieb der mechanische Wirkungsgrad etwas niedriger stellt, so ist der Wärmeverbrauch W_e für 1 PSe-st (Kurve -·-·-) größer als bei Leuchtgas. Die so erhaltenen Zahlen und Wirkungsgrade (hier $\eta'_w = \frac{637}{2788} = 22{,}8$ v. H.) sind, weil auf Gas bezogen, vergleichbar.

Bei Kraftgasanlagen ist aber selbstverständlich immer der ursprüngliche Brennstoffverbrauch maßgebend. Wenn nun hier auf 1 PSe-st 0,496 kg Anthrazit mit einem Heizwert $h = 7600$ WE im Generator verbraucht werden, so ergibt sich der Wirkungsgrad der gesamten Anlage zu

$$\eta_w = \frac{637}{0{,}496 \cdot 7600} = 16{,}9 \text{ v. H.}$$

und der Wirkungsgrad der Generatoranlage allein ist

$$\eta_{\text{Gen.}} = \frac{\eta_w}{\eta'_w} = \frac{0{,}169}{0{,}228} = 74 \text{ v. H.}$$

Die gesamte Wärmeausnützung wird am besten durch einen Wärmeplan (Fig. 51) veranschaulicht.

Kraftgasmaschinen arbeiten im allgemeinen mit höheren Verdichtungsdrücken als Leuchtgasmaschinen. Je reicher das Gemisch ist, um so eher kann bei hoher Kompression

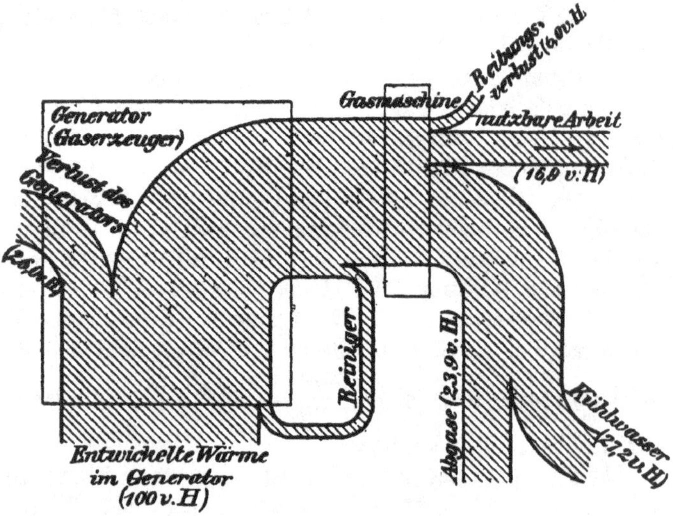

Fig. 51. Wärmeplan einer Sauggasanlage.

eine Frühzündung eintreten, die zu unangenehmen Stößen der Maschine führt. Dagegen wird die Zündfähigkeit ärmerer Gemische durch gesteigerte Kompression erhöht.

Nachdem man heute nicht bloß Koks oder Anthrazit, sondern auch andere Brennstoffe, wie sogar geringe Kohle und Torf, in Generatoren zu vergasen sucht, sind die Ladungsmischungen für die Maschine verhältnismäßig ärmer an brennbaren Stoffen geworden. Die Verwendung solcher Gemische ist bei genügender Kompression ohne Anstände möglich, und für die Wirtschaftlichkeit ist der niedrige Brennstoffpreis von ausschlaggebender Bedeutung.

Großgasmaschinen.

Die Großgasmaschinen verdanken ihre Entstehung vor allem der Ausnützungsmöglichkeit heizwertarmer industrieller Abgase, die bisher zum größten Teil nutzlos entweichen durften.

Daß die direkte Brennstoffausnützung in Gasmaschinen aber auch einer Dampfmaschinenanlage mit Gasfeuerung bedeutend überlegen ist, zeigt schon eine überschlägliche Rechnung.

Da ein Hochofen von 150 Tonnen Tagesleistung leicht 2000 cbm Gichtgas auf jede Tonne Eisen, also insgesamt 300 000 cbm für Kraftzwecke abgeben kann, so sind damit sicher 4000 PSe zu gewinnen. Denn bei einem runden Heizwert von 900 WE für 1 cbm Gichtgas brauchte die Gasmaschine nur einen Wirkungsgrad

$$\eta_w = \frac{\text{PSe} \cdot 637}{\text{verfügb. WE in 1 Stde.}} = \frac{4000 \cdot 637}{\frac{300\,000 \cdot 900}{24}} = 23 \text{ v. H.}$$

zu haben. Da aber selbst mit der besten Dampfmaschinenanlage die Hälfte im gesamten Wirkungsgrad nicht erreicht wird, so sind auf diesem Umwege nicht einmal 2000 PSe zu gewinnen. Der Grund liegt in der geringeren thermischen Umsatzmöglichkeit, die wiederum in dem Temperatursturz auf Wasserdampfspannung begründet ist.

Nachdem wir auf den Bau der Gasmaschinen hier nicht näher eingehen können, wollen wir nur noch das

Zweitaktverfahren erwähnen, bei dem durch Anordnung eigener Ladepumpen dem Arbeitszylinder die Ladearbeit abgenommen wird.

Es können bei Leistungsversuchen gleichzeitig Diagramme des Arbeitszylinders und der Pumpen abgenommen werden. Bringt man die indizierte Leistung der Pumpen von der indizierten Leistung im Arbeitszylinder in Abzug, so erhalten wir im Vergleich zur nutzbar abgegebenen Leistung ein Maß für die Eigenreibung der Maschine. Bei Angabe eines indizierten Wärmeverbrauches ist jedoch auf den Unterschied zu achten, ob der Maschine die Ladearbeit gutgerechnet ist oder nicht.

D. Der Dieselmotor.

Aus thermodynamischen Überlegungen und der Erkenntnis, daß für den thermischen Wirkungsgrad einer Verbrennungskraftmaschine die Höhe der Kompression entscheidend ist, entstand der Dieselmotor. Die ursprüngliche Absicht einer möglichsten Annäherung an den Carnotschen Kreisprozeß zeigte sich praktisch undurchführbar.

Die Luft wird allein, d. i. getrennt vom Brennstoff, auf 30 bis 35 at verdichtet, und dann, während der Kolben sich vorwärts bewegt, wird der Brennstoff (z. B. Erdöl) mit Preßluft eingespritzt. Durch das Verdichten hat sich die Luft so stark erhitzt, daß eine Zündvorrichtung in Wegfall kommen kann. Die Verbrennung geht bei dieser Brennstoffzufuhr so ziemlich bei gleichbleibendem Druck vor sich, so daß der Dieselmotor als Gleichdruckmaschine zum Unterschied mit den Verpuffungsmaschinen bezeichnet werden könnte.

Diagramm und theoretisch-thermischer Wirkungsgrad.

Haben wir auf dem Wege $\overline{ab}$ (Fig. 52) Luft angesaugt und rückkehrend auf die Spannung des Punktes *c* gebracht, so können wir mit der Brennstoffeinführung beginnen. Auf dem Wege $\overline{cd}$ findet Entzündung und Verbrennung statt; die Verbrennungsgase dehnen sich

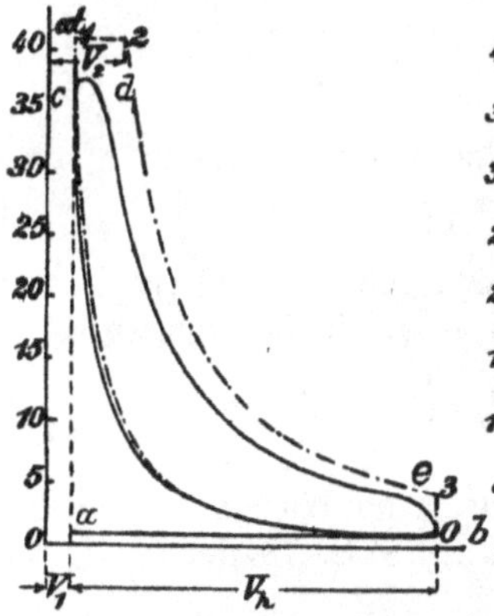

Fig. 52. Arbeitsdiagramm des Dieselmotors (normal belastet).

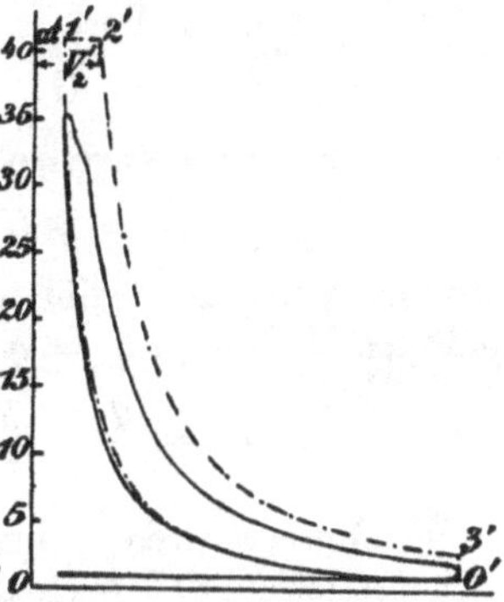

Fig. 53. Arbeitsdiagramm des Dieselmotors (halb belastet).

bis *e* aus. Nachdem sich hier der Auslaß geöffnet hat, werden sie bei der Rückkehr des Kolbens von *b* nach *a* ausgestoßen.

Für das theoretische Diagramm dieser Arbeitsweise erhalten wir

Verbrennung $\overline{12}$ bei konst. Druck mit Volldruckverhältnis

$$\varepsilon_1 = \frac{V_2}{V_1},$$

Ausdehnung *23* adiabatisch mit Ausdehnungsverhältnis

$$\delta = \frac{V_1 + V_h}{V_2},$$

Spannungsabfall $\overline{30}$ bei konst. Volumen $V_1 + V_h$,
Verdichtung $\overline{01}$ adiabatisch mit Verdichtungsverhältnis

$$\varepsilon = \frac{V_1 + V_h}{V_1}.$$

Da nun bei der Verbrennung eine Wärme

$$q_1 = G\, c_p (T_2 - T_1)$$

zu- und mit den Abgasen eine Wärme

$$-q_2 = -G' c_v (T_3 - T_1)$$

abgeführt wird, so ergibt sich mit der in Arbeit verwandelten Wärme $A L_0 = q_1 - q_2$ ein Wirkungsgrad

$$\eta_t{}^0 = \frac{q_1 - q_2}{q_1} = 1 - \frac{q_2}{q_1}.$$

Die Temperaturen T_1 und T_2 auf einer Linie gleichen Druckes müssen sich nach Gl. (38) S. 33 der T. W. wie die Volumina verhalten:

$$\frac{T_2}{T_1} = \frac{V_2}{V_1} = \varepsilon_1,$$

und damit läßt sich der Ausdruck für q_1 auch umgestalten in

$$q_1 = G\, c_p\, T_1 (\varepsilon_1 - 1).$$

Für die adiabatischen Kurven gilt nach Gl. (52) S. 42 der T. W.:

$$T_3 = T_2 \left(\frac{V_2}{V_1 + V_h}\right)^{\varkappa - 1} \quad \text{und} \quad T_0 = T_1 \left(\frac{V_1}{V_1 + V_h}\right)^{\varkappa - 1},$$

also auch

$$\frac{T_3}{T_0} = \frac{T_2}{T_1}\left(\frac{V_2}{V_1}\right)^{\varkappa-1} = \varepsilon_1^{\varkappa},$$

und damit wird

$$-q_2 = -G' c_v T_0 (\varepsilon_1^{\varkappa} - 1).$$

Die Einsetzung der neuen Werte von q_1 und $-q_2$ liefert

$$\eta_t{}^0 = 1 - \frac{G' c_v T_0 (\varepsilon_1^{\varkappa} - 1)}{G c_p T_1 (\varepsilon_1 - 1)}. \tag{173}$$

Wegen der hohen Verdichtung ist der Verdichtungsraum klein, die Rückstände gering oder annähernd $G = G'$. Der Bruch $\frac{c_p}{c_v}$ läßt sich durch $\varkappa$ ersetzen, und aus der schon gegebenen Beziehung:

$$T_0 = T_1\left(\frac{V_1}{V_1 + V_h}\right)^{\varkappa-1}$$

erhält man

$$\frac{T_0}{T_1} = \frac{1}{\varepsilon^{\varkappa-1}}.$$

Somit ist der theoretisch-thermische Wirkungsgrad

$$\eta_t{}^0 = 1 - \frac{\varepsilon_1^{\varkappa} - 1}{\varkappa\, \varepsilon^{\varkappa-1} (\varepsilon_1 - 1)} \tag{174}$$

vom Volldruck- und Verdichtungsverhältnis zugleich abhängig. Wir stoßen hier auf eine Eigentümlichkeit des Dieselmotors:

Die Größe $\varkappa$ ist bei verschiedener Gemischbildung wenig veränderlich. Für ein und dieselbe Maschine mit gegebenem Verdichtungsverhältnis ε muß nun der thermische Wirkungsgrad wieder zunehmen, wenn das Voll-

druckverhältnis ε_1 *kleiner wird.* Dies ist aber der Fall *bei abnehmender Belastung,* da die *Regelung durch Verminderung der Brennstoffzufuhr* geschieht; die Folge ist eine Verkürzung der Verbrennungslinie auf $\overline{1'\,2'}$ (Fig. 53), was einer Verkleinerung von ε_1 gleichkommt.

Diese Verhältnisse sollen durch ein Beispiel erläutert werden.

Wirkungsgrade des Dieselmotors bei verschiedener Belastung.

Berechnung von $\varkappa$ *für verschiedenen Luftüberschuß.*

Für ein verwendetes Erdöl von der Zusammensetzung

$$\begin{aligned} C &= 85{,}12 \text{ v. H. Kohlenstoff,} \\ H &= 14{,}16 \text{ „ „ Wasserstoff,} \\ O &= \underline{\ \ 0{,}72} \text{ „ „ Sauerstoff} \\ & \quad 100{,}00 \end{aligned}$$

läßt sich nach S. 24 ein geringstmöglicher Luftbedarf

$$L_{\min} = \frac{\frac{8}{3}\,C + 8\,H - O}{23{,}2} = \frac{\frac{8}{3} \cdot 85{,}12 + 8 \cdot 14{,}16 - 0{,}72}{23{,}2}$$

$$= 14{,}1636 \text{ kg auf 1 kg Petroleum}$$

berechnen. Die dabei vorausgesetzte vollkommene Verbrennung liefert in den Verbrennungsgasen

$$\frac{11}{3} \cdot \frac{C}{100} = \frac{11}{3} \cdot \frac{85{,}12}{100} = 3{,}1211 \text{ kg } CO_2\,,$$

$$9\,\frac{H}{100} = 9\,\frac{14{,}16}{100} = 1{,}2744 \text{ kg } H_2O\,.$$

Als Mittelwerte von Analysen der Verbrennungsgase bei Luftüberschuß erhalten wir folgende Werte in Raumteilen:

	Normale Belastung	Halbe Belastung	Zeichen
$k =$	9,1 v. H.	5,8 v. H.	CO_2
$o =$	6,6 „	12,1 „	O_2
$n =$	84,3 „	82,1 „	N_2
	100,0	100,0	

Es liegt in der Konstruktion der Maschine, daß bei abnehmender Belastung verhältnismäßig mehr Luft eingeführt wird. Nach der Formel S. 26 berechnet sich der jeweilige Luftüberschuß; wir erhalten mit

$$v = \frac{21}{21 - 79\frac{o}{n}} = \frac{21}{21 - 79\frac{6,6}{84,3}} = 1,42$$

eine Luftmenge

$$v\,L_{\min} = 1,42 \cdot 14,1636 = 20,1123 \text{ kg},$$

bestehend aus 4,6661 kg O_2 und 15,4462 kg N_2, gültig für normale Belastung. Die entsprechenden Werte für halbe Belastung sind:

$$v' = 2,245 \quad \text{und} \quad v'L_{\min} = 31,7973 \text{ kg Luft},$$

bestehend aus 7,3770 kg O_2 und 24,4203 kg N_2.

Der überflüssige Sauerstoff ergibt sich beide Male durch Abzug der theoretisch nötigen Menge:

$$\left(\frac{8}{3} \cdot \frac{C}{100} + 8\frac{H}{100} - \frac{O}{100}\right) = 3,3955 \text{ kg } O_2$$

von den erhaltenen Werten, so daß die Zusammensetzung der Verbrennungsgase dem Gewichte nach in folgender Tafel gegeben werden kann:

Bestandteile	Normale Belastung				Halbe Belastung				Zeichen
Kohlensäure	3,1211 kg	oder	14,78 v. H.		3,1211 kg	oder	9,52 v. H.		CO_2
Wasserdampf	1,2744 „	„	6,04 „		1,2744 „	„	3,89 „		H_2O
Sauerstoff . .	1,2706 „	„	6,02 „		3,9815 „	„	12,14 „		O_2
Stickstoff . .	15,4462 „	„	73,16 „		24,4203 „	„	74,45 „		N_2
	21,1123 kg		100,00		32,7973 kg		100,00		

Damit lassen sich aber die spezifischen Wärmen und die Größe $\varkappa$ berechnen. Wir erhalten folgende Werte:

Normale Belastung.

Bestandteile	in 1 kg	c_p	c_v	$\varkappa$	Anteil an $(c_p)_R$	Anteil an $(c_v)_R$	Zeichen
Kohlensäure	0,1478	0.217	0,171	1,27	0.0321	0,0253	CO_2
Wasserdampf	0,0604	0,480	0,369	1,30	0,0290	0,0223	H_2O
Sauerstoff . .	0,0602	0,218	0,155	1,41	0,0131	0,0093	O_2
Stickstoff . .	0,7316	0,244	0,173	1,41	0,1785	0,1266	N_2
	1,0000				0,2527 $= (c_p)_R$	0,1835 $= (c_v)_R$	

$$(\varkappa)_R = \frac{(c_p)_R}{(c_v)_R} = \frac{0,253}{0,184} = 1,38\,.$$

Halbe Belastung.

Bestandteile	in 1 kg	c_p	c_v	$\varkappa$	Anteil an $(c_p)'_R$	Anteil an $(c_v)'_R$	Zeichen
Kohlensäure.	0.0952	0,217	0,171	1,27	0,0207	0,0163	CO_2
Wasserdampf	0,0389	0,480	0,369	1,30	0,0187	0.0144	H_2O
Sauerstoff . .	0,1214	0,218	0,155	1,41	0,0265	0,0188	O_2
Stickstoff . .	0,7445	0,244	0,173	1,41	0,1817	0,1288	N_2
	1,0000				0,2476 $=(c_p)'_R$	0,1783 $=(c_v)'_R$	

$$(\varkappa)'_R = \frac{(c_p)_R}{(c_v)_R} = \frac{0,248}{0,178} = 1,39\,.$$

Berechnung der Volldruckverhältnisse.

Während das räumliche Verdichtungsverhältnis

$$\varepsilon = \frac{V_1 + V_h}{V_1} = 15,39$$

mit den Abmessungen der Maschine als gegeben zu betrachten ist, ergeben sich die Volldruckverhältnisse, die für einen idealen Prozeß ohne Kühlung gelten würden, erst aus einigen Untersuchungsangaben.

Durch Messung sei ein Petroleumverbrauch von 0,00276 kg für eine Verbrennung bei normaler Belastung festgestellt; dies entspricht bei einem Heizwert $h = 10100$ WE für 1 kg einer zugeführten Wärme

$$q_1 = 27{,}876 \text{ WE für 1 Arbeitsspiel.}$$

Bei einem arbeitenden Gasgewicht (einschl. Rückstände) von $G = 0{,}06126$ kg berechnet sich ein durch die Verbrennung bei gleichbleibendem Druck erreichter Temperaturunterschied

$$T_2 - T_1 = \frac{q_1}{G\,c_p} = \frac{27{,}876}{0{,}06126 \cdot 0{,}2526} = 1801^0.$$

Da sich bei einer solchen Zustandsänderung die Volumina wie die absoluten Temperaturen verhalten [Gl. (38) S. 33 der T.W.], so wird bei bekannter Temperatur T_1, erreicht durch adiabatische Kompression, das Volldruckverhältnis

$$\varepsilon_1 = \frac{V_2}{V_1} = \frac{T_2}{T_1} = \frac{2677}{876} = 3{,}055\,.$$

In gleicher Weise erhalten wir für die halbe Belastung bei einem auf 0,00159 kg verminderten Petroleumverbrauch eine Wärmemenge

$$q_1' = 16{,}059 \text{ WE für 1 Arbeitsspiel.}$$

Bei einem Gasgewicht $G' = 0{,}05580$ kg wird die Temperaturerhöhung bei der Verbrennung

$$T_2 - T_1 = \frac{16{,}059}{0{,}05580 \cdot 0{,}2475} = 1164^0$$

und das Volldruckverhältnis kleiner:

$$\varepsilon_1' = \frac{2076}{912} = 2{,}276\,.$$

Berechnung der theoretisch-thermischen Wirkungsgrade und die Verhältnisse an der vorhandenen Maschine.

Mit den berechneten Werten sind die theoretisch-thermischen Wirkungsgrade

$$\eta_t^0 = 1 - \frac{\varepsilon_1^\varkappa - 1}{\varkappa\, \varepsilon^{\varkappa - 1}(\varepsilon_1 - 1)}$$

$$= 1 - \frac{3{,}055^{1{,}38} - 1}{1{,}38 \cdot 15{,}39^{0{,}38}(3{,}055 - 1)} = 54{,}24 \text{ v. H.}$$

für normale Belastung und

$$\eta_t^0 = 1 - \frac{2{,}276^{1{,}39} - 1}{1{,}39 \cdot 15{,}39^{0{,}39}(2{,}276 - 1)} = 58{,}52 \text{ v. H.}$$

für halbe Belastung zahlenmäßig gegeben.

Diese theoretisch nachgewiesene Zunahme des Wirkungsgrades bei abnehmender Belastung kommt auch bei der Untersuchung des Dieselmotors zum Ausdruck, wie wir aus Fig. 54 erkennen. Die Abnahme des indizierten Wärmeverbrauches dortselbst ist nachweisbar gegeben: $W_i' < W_i$ und entscheidend für eine Zunahme des thermischen Wirkungsgrades $\eta_t = \frac{637}{W_i}$. Die Regelung durch Verminderung der Brennstoffzufuhr kann als sehr vollkommen angesehen werden.

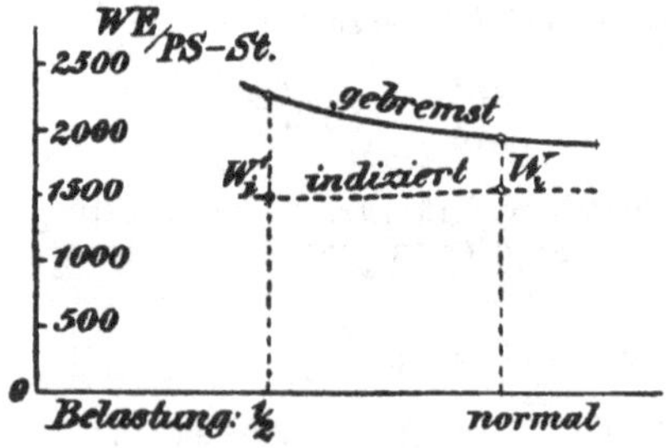

Fig. 54.

Daß der gesamte Wärmeverbrauch für 1 PSe-st bei Verminderung der Belastung dennoch zunimmt, liegt an der Abnahme des mechanischen Wirkungsgrades, eine Eigenschaft, die auch bei den anderen Wärmekraftmaschinen festzustellen ist. Wir sehen aber aus Figur 55, daß sich der Dieselmotor in seinem gesamten Wirkungsgrade auf Grund der gegebenen Beziehungen immer noch besser hält, als eine unter ähnlichen Verhältnissen arbeitende Verpuffungsmaschine.

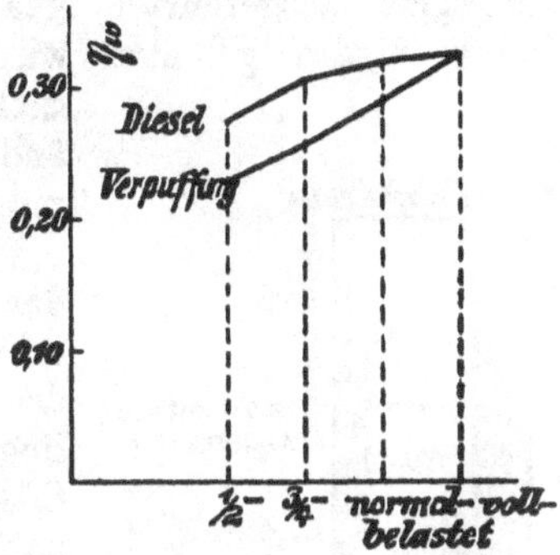

Fig. 55. Gesamtwirkungsgrad bei verschiedener Belastung.

III. Die Energieumwandlung in den Wärmekraftmaschinen.

Die Lehren der Thermodynamik.

Während man sich früher mit ganz geringen Umsetzungen der Wärmeenergie begnügen mußte, erhalten wir heute mit einzelnen Maschinen schon den dritten Teil in Arbeit. Immerhin sind die zumeist erhaltenen Werte an sich niedrig, und die Thermodynamik lehrt uns, diese Umsetzung nach richtigen Gesichtspunkten zu betrachten.

Auch der beste Arbeitsprozeß (vgl. Einleitung) wird ja erst ermöglicht, wenn Wärme, jedoch bei möglichst niedriger Temperatur abgeführt wird. Die Wärmeübertragung an den arbeitenden Körper hat bei möglichst hoher Temperatur zu geschehen, und der Wirkungsgrad ausgeführter Maschinen wächst, je besser dieses Niveau gehalten wird. Des weiteren bringen nicht umkehrbare Zustandsänderungen immer Verluste mit sich.

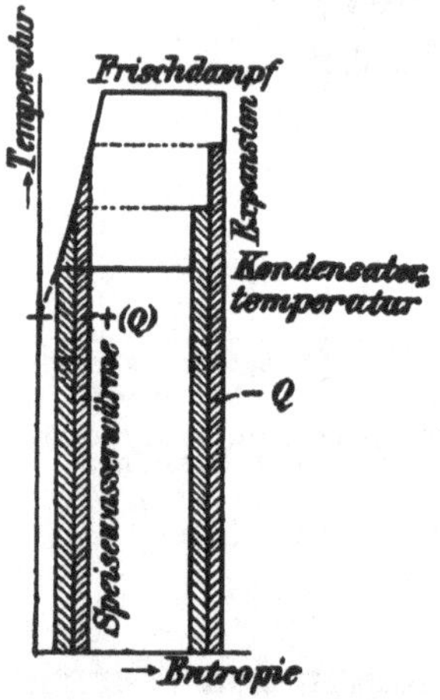

Fig. 56.
Expansion von Wasserdampf mit Wärmeaufspeicherung.

Bemerkenswert ist noch das Prinzip der Wärmeregeneratoren wegen der Umgehung des Carnotschen Prinzipes: Gelingt es uns, die Wärme $-Q$ (Fig. 56) aufzuspeichern, was natürlich nicht ohne Verluste möglich ist, so kann sie als $+(Q)$ zur Erwärmung des Speisewassers benützt werden, und die Einzelprozesse kommen Carnotschen Kreisprozessen nahe, obwohl die Wärmezufuhr nicht vollständig bei der höchsten Temperatur stattfindet. Ähnliche „Wärmespeicher" können namentlich auch bei unterbrochenem Betrieb von Vorteil werden (Abdampfturbinen), solange die Wärme vermöge höherer Temperatur noch Wert für die Arbeitsumsetzung behält.

Um nochmals auf die Entwicklung und den Fortschritt der heutigen Wärmekraftmaschinen zurückzukommen, so haben wir die ausschlaggebende Bedeutung eines guten thermischen Wirkungsgrades überall kennen gelernt, ebenso aber auch die strengen Gesetze der Thermodynamik für eine fortschreitende Verbesserung.

Wenn wir uns mit geringerer Ausnützung begnügen müssen, so geschieht es zumeist mit Rücksicht auf die Billigkeit der Maschine. Der Dampfbetrieb hat eigene Vorzüge. Die Verhältnisse können sich vollständig verschieben, wenn der Auspuffdampf zum Heizen und Kochen (Brauerei, Zuckerindustrie) zu benützen ist, da ja dann die abgeführte Wärme zu anderen Zwecken wieder nutzbar gemacht wird und der geringere thermische Wirkungsgrad der Maschine für die Wirtschaftlichkeit nicht hervortritt.

Ein endgültiger Vergleich und eine Beurteilung der Zweckmäßigkeit verschiedener Wärmekraftmaschinen kann immer erst nach wirtschaftlichen Aufstellungen (Anlagekosten, Unterhaltung usw.) geschehen*), ohne die betriebstechnischen Forderungen zu vergessen. Das Bestreben aber, immer geringeren Brennstoffverbrauch zu erzielen, was ja hauptsächlich einer Hebung des thermischen Wirkungsgrades zu verdanken ist, kann als Grundzug für den Bau und die weitere Entwicklung aller Wärmekraftmaschinen festgestellt werden.

Die Kältemaschinen.

Allgemeines.

Die Umkehrung des kalorischen Arbeitsprozesses liefert einen Kreislauf, dessen Zweck in der Erzeugung von Kälte liegt. Eine abgekühlte Salzlösung kann durch Umlauf einen Raum kühlen, oder reines Wasser in Zellen, die in die abgekühlte Sole getaucht werden, erstarrt zu Eisblöcken. Bei weiterer Verwendung, namentlich in der

*) S. G.: Die zweckmäßigste Betriebskraft.

wärmeren Jahreszeit, ergeben sich für das Nahrungsmittelgewerbe unschätzbare Vorteile.

Man kann nun zum Kreisprozeß auch einen Körper nehmen, der von Wasser absorbiert, später durch Erwärmen wieder ausgetrieben wird: Absorptionsmaschinen. Solche Maschinen betrachten wir hier nicht, wir beschäftigen uns nur mit dem Kompressionsverfahren.

Die Hauptbestandteile einer Kompressionskältemaschine.

Wie zu jedem thermodynamischen Kreislauf brauchen wir 3 Körper, die in Beziehung zu treten haben:

1. eine arbeitende Flüssigkeit (Ammoniak, schweflige Säure oder Kohlensäure),
2. eine Salzlösung,
3. Kühlwasser.

In dem Verdampfer (Refrigerator), dargestellt durch ein Rohrsystem (Fig. 57), läßt man die arbeitende Flüssigkeit verdampfen und dabei einer Salzlösung die zum Verdampfen nötige Wärme entziehen.

Die Dämpfe gelangen in den Kompressor, der sie verdichtet.

Im Kondensator (ebenfalls ein Rohrsystem) hat dann Abkühlung und vollständige Verflüssigung zu geschehen, die durch Umspülen der Rohre mit Kühlwasser erreicht wird.

Der Übertritt des wieder verflüssigten Kaltdampfes in den Verdampfer geschieht durch ein Regelventil.

Die der Salzlösung entzogene Wärme ist die erstrebte Kältewirkung, die Salzlösung bekommt eine niedrige Temperatur, ohne aber der Sättigung mit Salz entsprechend durch Festwerden Anstände zu machen.

Zur Unterhaltung des Kreislaufes wird ein Arbeitsaufwand am Kompressor nötig.

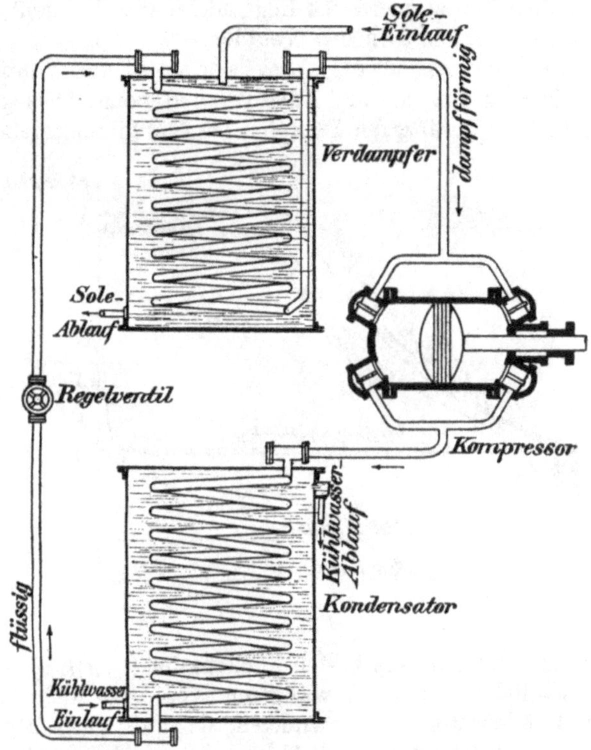

Fig. 57. Schema einer Kälteerzeugungsanlage.

Das Kompressordiagramm einer Ammoniakmaschine.

Da der Verdampferraum, aus dem angesaugt wird, sehr groß ist im Verhältnis zum Kompressorhubraum, so ist die Ansaugelinie (Fig. 58) eine Horizontale, die etwas unter dem Verdampferdruck liegt infolge der Widerstände in der Leitung und in den Ventilen.

Die Kompressionskurve liegt normal (dichte Ventile) zwischen Isotherme und Adiabate und beim Ansaugen von trocken gesättigten Dämpfen im Überhitzungsgebiet.

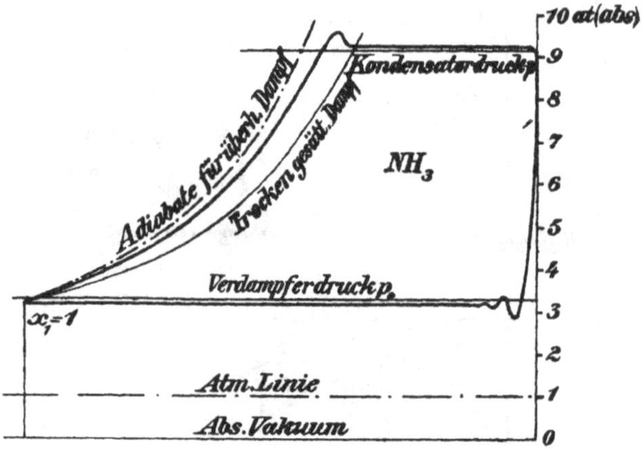

Fig. 58.

Die Ausschublinie in den Kondensator (Druck p) fällt aus ähnlichen Gründen wie beim Ansaugen nicht mit dem Kondensatordruck zusammen, sie muß höher liegen und der Druckunterschied überwindet die Widerstände.

Von p nach p_0 haben wir wieder unter Verdampferspannung zu gelangen, bevor sich das Ansaugeventil öffnet.

Der Kreislauf des Kaltdampfes.

Zur Ableitung von thermodynamischen Beziehungen wollen wir vorläufig voraussetzen, daß die Kompressionskurve sich im Sättigungsgebiet halte, des weiteren, daß keine Widerstände vorhanden sind. Damit erhält das ideale Kompressordiagramm das Aussehen von Fig. 59. Für unendlich große Wärmeaustauschflächen ergibt sich das gestrichelte Diagramm.

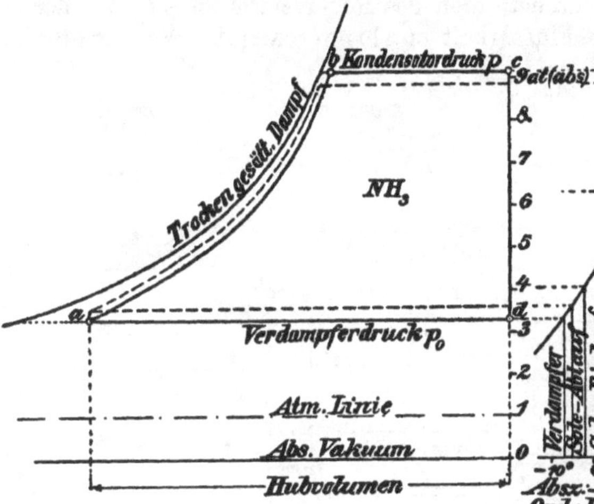

Fig. 59.

Fig. 60.

Die Durchströmung des Regulierventils ist ein im Sinne der Thermodynamik nicht umkehrbarer Vorgang und muß Verluste mit sich bringen. Der ideale, aber praktisch nicht durchgeführte Kreislauf der Thermodynamik wäre der in Fig. 61 dargestellte Carnotsche, bei dem man vom Kondensatordruck auf Verdampferdruck durch Einschalten eines Expansionszylinders gelangen würde. Ein Vergleich mit Fig. 14 zeigt Ähnlichkeit bis auf die Pfeilrichtung.

Die Kälteerzeugung und die Kompressorarbeit.

Wir stellen die Beziehungen des Kreislaufes im Wärmediagramm (Fig. 63) dar; den Zuzammenhang mit dem Druckdiagramm gibt Fig. 60 und 62.

Beim Durchströmen des Regelventils ist ein Teil der arbeitenden Flüssigkeit nutzlos verdampft. Wir erhalten

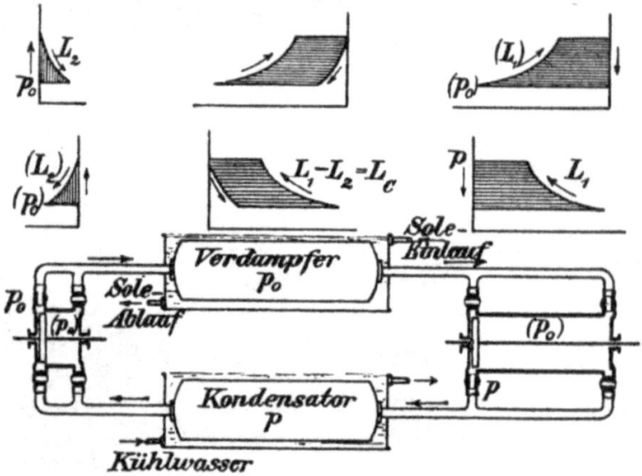

Fig. 61. Carnotscher Kreisprozeß eines Kaltdampfes.

mit einem Nässegrad x_4 vor und x_1 nach dem Verdampfer eine Kältewirkung für 1 kg arbeitende Menge in WE:

$$Q_0 = r_0 (x_1 - x_4)$$

(in Fig. 63 ▙ umrändert).

Die Größe x_4 läßt sich ersetzen. Nach den Lehren über Dampfströmung S. 67 muß die Strömungsenergie und der Wärmeinhalt vor dem Regelventil denselben Größen nach der Durchströmung gleichgesetzt werden. Die kinetischen Energien sind jedoch praktisch zu vernachlässigen; es entsteht die einfache Beziehung, daß bei Drosselungen die Erzeugungswärme dieselbe bleibt.

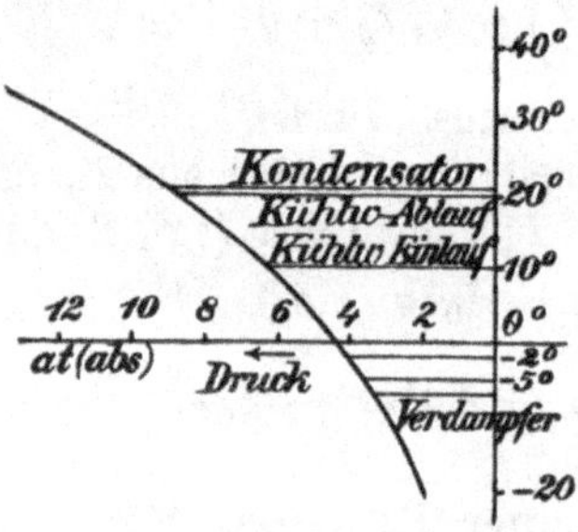

Fig. 62.

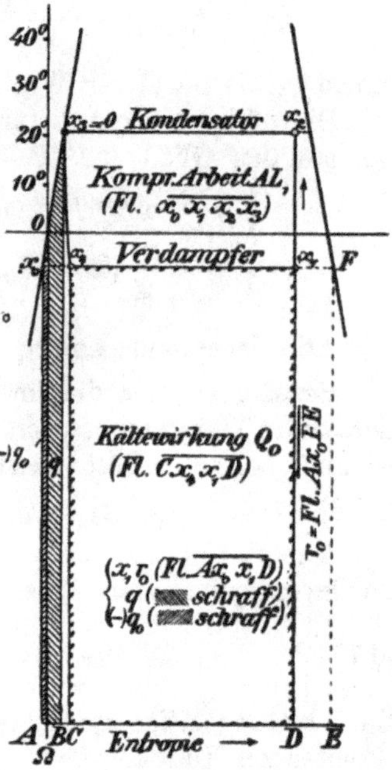

Fig. 63.

Punkt x_3 (nur Flüssigkeit):

$$i = q + AP\mathfrak{v}',$$

Punkt x_4 (nach dem Drosseln):

$$i_0 = q_0 + AP_0\mathfrak{v}' + x_4 r_0 ,$$

worin $x_4 r_0$ der Fl. $\overline{A x_0 x_4 C}$ entspricht.

Die Größe $A\mathfrak{v}'(P - P_0)$ in der Gleichung:

$$q + AP\mathfrak{v}' = q_0 + AP_0\mathfrak{v}' + x_4 r_0$$

ist für Ammoniak mit konstantem $\mathfrak{v}' = 0{,}0016$ gering. Die Kältewirkung erhält man dann in der Größe

$$Q_0 = r_0\left(x_1 - \frac{q - q_0}{r_0}\right) = x_1 r_0 + q_0 - q\,,$$

worin q_0 als negativer Wert einzusetzen ist.

Die nötige Kompressorarbeit AL_1 ist aber aus Fig. 64 bis auf das Glied $A\mathfrak{v}'(P - P_0)$ abzulesen (vgl. S. 42):

$$(175)\qquad \left\{\begin{aligned} AL_1 &= q - q_0 - \mathfrak{T}_0(\sigma - \sigma_0) \\ &+ x_2 \frac{r}{\mathfrak{T}}(\mathfrak{T} - \mathfrak{T}_0) + A\mathfrak{v}'(P - P_0)\,. \end{aligned}\right.$$

Die Wertbemessung einer Kältemaschine.

Bezeichnen wir die im Kondensator dem Kaltdampf entzogene Wärmemenge mit Q (in Fig. 64 ◣ umrändert), so muß bei einer Kältemaschine die Beziehung bestehen:

$$(176)\qquad Q = Q_0 + AL_1\,.$$

Man gibt nun mit dem Verhältnis der erzeugten Kälte zu der aufgewandten Arbeit AL_1 oder

$$(177)\qquad \varepsilon = \frac{Q_0}{AL_1}$$

die Leistungsziffer der Maschine an, bezogen auf 1 kg arbeitenden Kaltdampf.

Die Kälteleistung für eine Arbeitsleistung des Kompressors von 1 PS in 1 Stunde berechnet sich mit der Äquivalentzahl 637 (S. 47) aus

$$K : 637 = Q_0 : AL_1$$

zu

$$(178)\qquad K = 637\,\varepsilon\,.$$

Vergleich mit dem Carnotschen Kreisprozeß.

Hier ist die Arbeit AL_2 (Fig. 65) nutzbar abgeführt zu denken (gewonnen in dem Expansionszylinder). Die

Kälteleistung kann aber um ebendiesen Betrag AL_2 größer sein als die mit Drosselventil erhaltene Wirkung:

$$Q_0' = Q_0 + AL_2$$

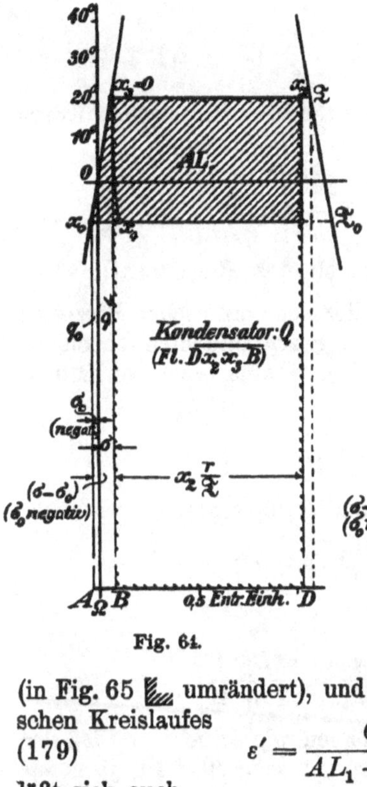

Fig. 64.

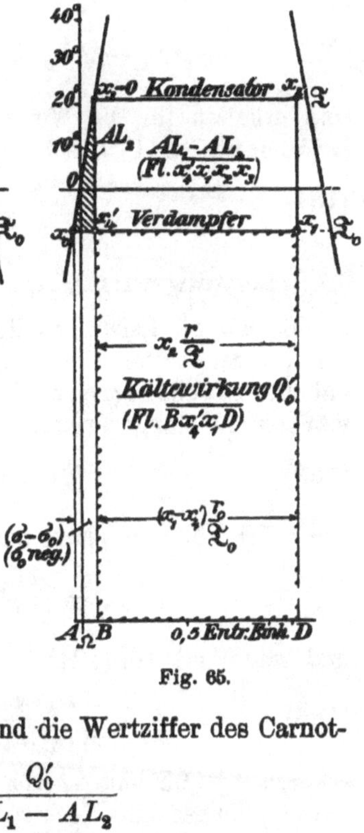

Fig. 65.

(in Fig. 65 umrändert), und die Wertziffer des Carnotschen Kreislaufes

(179) $$\varepsilon' = \frac{Q_0'}{AL_1 - AL_2}$$

läßt sich auch

(180) $$\varepsilon' = \frac{Q_0 + AL_2}{AL_1 - AL_2}$$

schreiben.

Zudem ist ihre Größe mit den Temperaturgrenzen gegeben. Aus Fig. 65 lesen wir ab:

$$Q_0' = x_2 \frac{r}{\mathfrak{T}} \cdot \mathfrak{T}_0 \,,$$

$$A L_1 - A L_2 = x_2 \frac{r}{\mathfrak{T}} \cdot (\mathfrak{T} - \mathfrak{T}_0)$$

und erhalten für die Wertziffer des Carnotschen Kreislaufes nach Gl. (179) sofort:

$$\varepsilon' = \frac{\mathfrak{T}_0}{\mathfrak{T} - \mathfrak{T}_0} \,. \tag{181}$$

Leistungsverlust durch das Regelventil.

Da wir die Leistungsziffer des Carnotschen Prozesses als die der besten Umsetzung zu betrachten haben, so hat die Anwendung eines Regelventils einen verhältnismäßigen Leistungsverlust:

$$\zeta = \frac{\varepsilon' - \varepsilon}{\varepsilon'} \tag{182}$$

zur Folge. Mit Gl. (177) und (180) schreiben wir auch:

$$\zeta = \frac{A L_2}{A L_1} (1 + \varepsilon')$$

und weiter mit Gl. (181):

$$\zeta = \frac{A L_2}{A L_1} \frac{\mathfrak{T}}{\mathfrak{T}_0} = \frac{A L_2}{A L_1} \frac{\mathrm{t}}{\mathrm{t}_0} \,. \tag{183}$$

Aus Fig. 65 und 67 können wir entnehmen, daß der durch ζ angezeigte Verlust um so größer ist, je höher wir mit der Kondensatortemperatur gehen, da $A L_1$ ab- und $A L_2$ zunimmt, wenn wir den Grenzkurven folgen müßten.

Der trockene Kompressorgang.

Die Kompression dürfen wir bei ausgeführten Maschinen nicht auf das Sättigungsgebiet beschränken, da

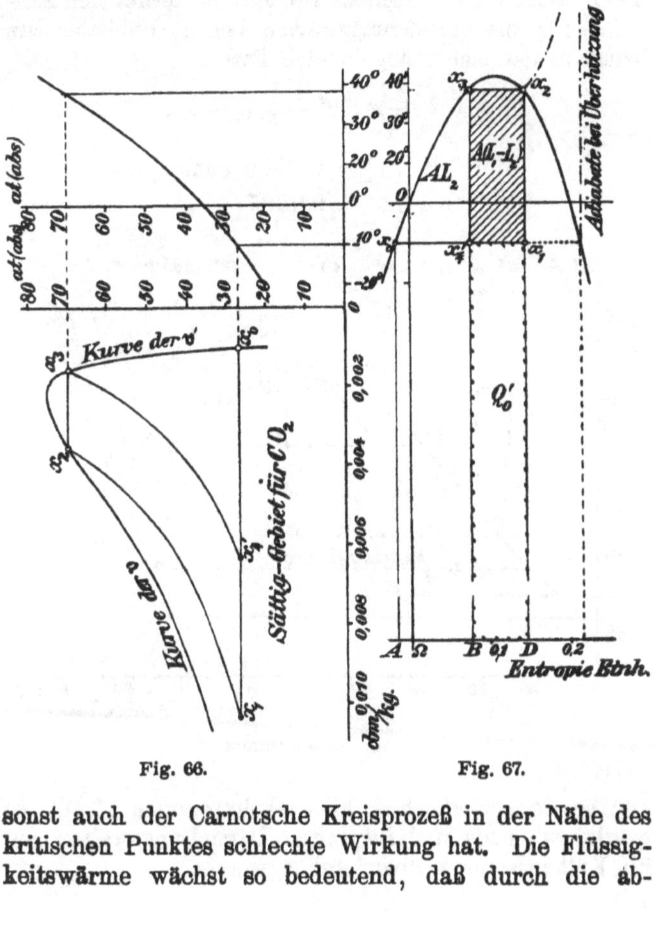

Fig. 66. Fig. 67.

sonst auch der Carnotsche Kreisprozeß in der Nähe des kritischen Punktes schlechte Wirkung hat. Die Flüssigkeitswärme wächst so bedeutend, daß durch die abnehmende Verdampfungswärme jeder Gewinn verloren gehen kann (vgl. Fig. 67 für Kohlensäure).

Da aber im Entropie-Temperatur-Diagramm die Größe $AP\mathfrak{v}'$ nicht zum Vorschein gelangt, da ferner der Ausdruck für die Erzeugungswärme bei gleichbleibendem Druck in der bisher abgeleiteten Form:

$$i = \lambda + AP\mathfrak{v}' + c_p(t - \mathfrak{t}) ,$$

worin

$$\text{für } NH_3 : \mathfrak{v}' = 0{,}0016 \text{ cbm/kg}$$
$$\text{„ } SO_2 : \mathfrak{v}' = 0{,}0007 \text{ „ },$$

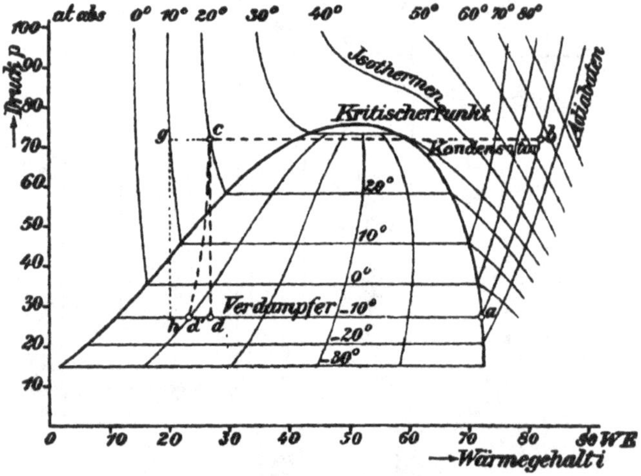

Fig. 68. i-p-Diagramm.

nur bei immer gleichem Flüssigkeitsvolumen $\mathfrak{v}'$ gilt, so wählen wir nach Mollier andere Darstellungsweisen, die für Kältemaschinen übersichtlich werden.

Der Wärmeinhalt für den flüssigen Grenzzustand von Kohlensäure ist aus

$$i' = q + \int_0^t \mathfrak{v}'\,dP \tag{184}$$

zu berechnen, wobei die Veränderlichkeit von $\mathfrak{v}'$ aus dem Druckdiagramm (Fig. 66) zu ersehen ist.

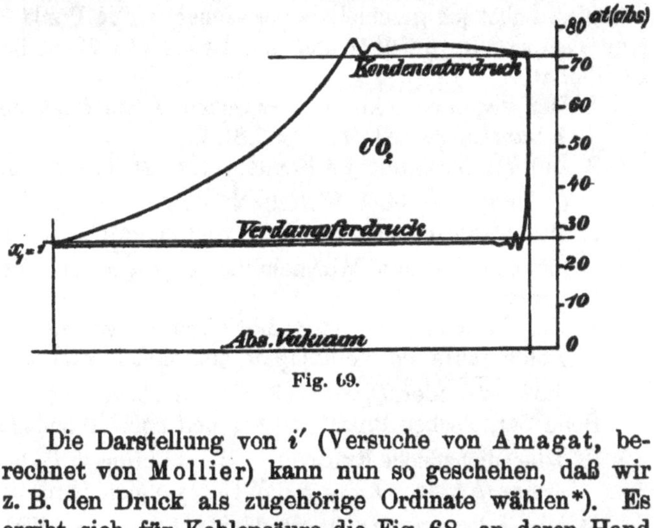

Fig. 69.

Die Darstellung von i' (Versuche von Amagat, berechnet von Mollier) kann nun so geschehen, daß wir z. B. den Druck als zugehörige Ordinate wählen*). Es ergibt sich für Kohlensäure die Fig. 68, an deren Hand sich zeigt, daß auch in der Nähe des kritischen Gebietes gearbeitet werden kann. (Diagramm des ausgeführten Kompressors Fig. 69.)

Die Kohlensäuremaschine.

Als Beispiel wollen wir den Kreislauf der verlustlosen Maschine in das *i-p*-Diagramm eintragen. Die

*) Z. d. V. D. Ing. 1904, S. 271.

Kompressionskurve fällt ins Überhitzungsgebiet, wenn wir annehmen, daß gerade trocken gewordene Dämpfe angesaugt sind (Punkt *a*).

Bei einer Verdampfungstemperatur von -10^0 und einem Kondensatordruck von 72 at soll die Kohlensäure auf 20^0 abgekühlt sein, bis sie an das Regelventil gelangt.

Wenn die Kompression der trockenen Kohlensäuredämpfe adiabatisch geschieht, so erreichen wir in Punkt *b* eine Temperatur von 67^0 und den Druck von 72 at im Kondensator.

1. Der wagerechte Abstand zwischen *a* und *b* ist die Kompressorarbeit $AL_1 = 9{,}8$ WE.
2. Zur Verflüssigung (im Kondensator) ist eine Wärme $\overline{bc}$ oder $Q = 55{,}1$ WE abzuführen.
3. Das Durchströmen des Regelventils geschieht bei gleichbleibendem Wärmeinhalt oder $\overline{cd}$ ist eine Senkrechte.
4. Die Kälteleistung oder die Wärme, welche die Kohlensäure im Verdampfer aufnehmen kann, ist durch $\overline{da}$ oder $Q_0 = 45{,}3$ WE gegeben.

Beim Carnotschen Prozeß ändert sich nach 1 und 2:

(3'.) die adiabatische Expansion $\overline{cd'}$, wodurch $\overline{d'd}$ oder eine Arbeit $AL_2 = 3{,}6$ WE gewonnen wird,

(4'.) die Kälteleistung $\overline{d'a}$ vergrößert auf $Q_0' = 48{,}9$ WE:

$$Q = Q_0 + AL_1 \quad \text{und} \quad Q = Q_0' + (AL_1 - AL_2)$$
$$55{,}1 = 45{,}3 + 9{,}8 \qquad 55{,}1 = 48{,}9 + 6{,}2\,.$$

Wie wichtig bei Kohlensäure eine möglichst tiefe Temperatur vor dem Regelventil ist, geht aus Fig. 68 hervor. Würden wir z. B. bis 10^0 abkühlen, so muß die Senkrechte durch Punkt *g* die Kälteleistung vermehren. Bei Kohlensäure sind also eigene Flüssigkeitskühler zu verwenden.

Vergleich der Kompressoren bei den verschiedenen Systemen.

Die Kurve der Spannungen in Abhängigkeit von den Temperaturen (Fig. 70) zeigt, daß die Kohlensäuremaschinen mit hohen Drücken, die Schwefligsäure- mit geringen, die Ammoniakmaschinen mit dazwischenliegenden arbeiten.

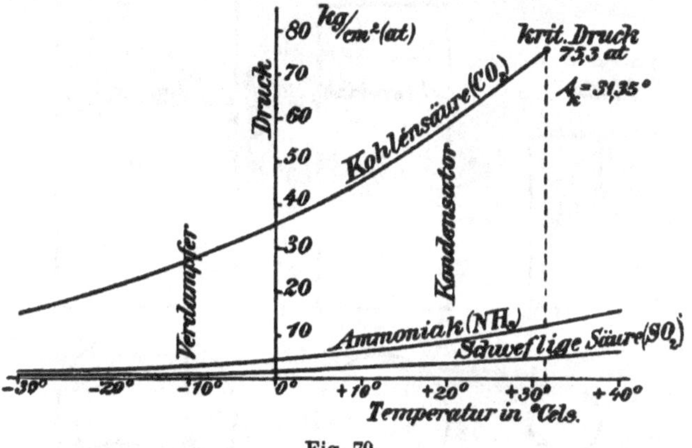

Fig. 70.

Die älteste Kältemaschine ist die von Perkins (1835) mit Äther.

Heute haben die Lindeschen Ammoniak-Kompressionsmaschinen weite Verbreitung. Etwas später wurde schweflige Säure (Pictet) und dann auch Kohlensäure (Windhausen) verwendet.

Wir wollen noch den Hubraum der Kompressoren für Kohlensäure (Fig. 71), für Ammoniak (Fig. 72) in Vergleich setzen. Es zeigt sich, daß den höheren Drücken die kleineren Abmessungen entsprechen. Die schweflige

Säure (Fig. 73) mit den kleinsten Drücken hat den größten Kompressor.

Die Kälteleistungen für 1 PS und 1 Stunde sind (am besten graphisch nach Fig. 68 auch für den trockenen

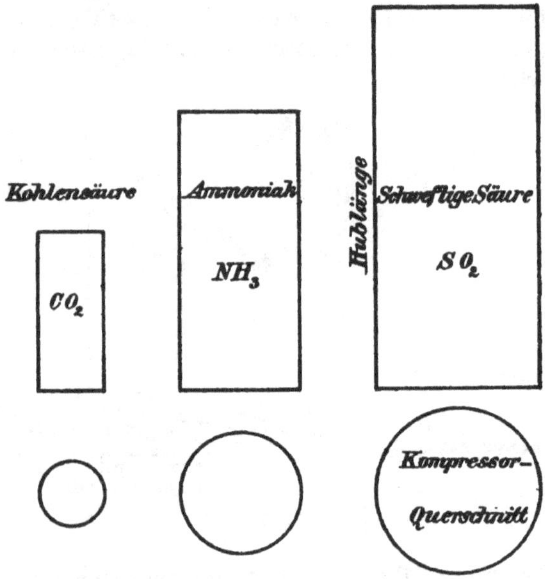

Fig. 71. Fig. 72. Fig. 73.

Kompressorgang) zu berechnen*). Für auszuführende Anlagen ist diese theoretische Kälteleistung mit 0,6 bis 0,8 zu multiplizieren. In allen Fällen ist dann die Leistung der Kraftmaschine bestimmt, die dem Kompressor beizugeben ist, um den Betrieb für eine verlangte Kälteleistung aufrechtzuerhalten.

*) Hütte, Taschenbuch.

Register.

HASPELMOOR-ISOLIERMULLE

zur **mehrjährigen Eiskonservierung** auch in oberirdischen Brettereishütten, Isolierung von Kühlräumen, Generatoren usw. Seit 20 Jahren und in über 4500 Brauereien, Hotels, Villen, Metzgereien, Eiswerken usw. bewährt.

Vorzügliche Wirkung bei Schalldämpfungen, bei Anwendung für leichte Bauten, Fehlböden.

Wärmeleitungskoeffizient in lufttrockenem Zustande 0,053.
Unveränderlich — Geruchlos. — Geringstes spezifisches Gewicht.
Spezial-Broschüre mit Bauplänen zu Eishütten usw. gratis.

Bayrisches Torfstreu- u. Mullewerk Haspelmoor, Oberbayern.

Nur erstklassige

Korkstein-fabrikate

für alle bau- und maschinentechnischen Isolierungen gegen **Wärme, Kälte** und **Schall**, sowie seit Jahrzenten bewährte

Gloria-Wärme-Schutzmassen

und alle

Diatomeen- und Kieselgur-Fabrikate

in Formstücken, in Stein- oder Plattenform nebst allen sonst in Betracht kommenden Wärme- und Kälteschutzmitteln liefern nur aus eigenen Gruben und Fabriken

Rheinhold & Co.
Hannover A. 29

21 Zweiggeschäfte, 10 Generalagenturen

Elmore's Metall-Aktien-Gesellschaft
Schladern a. d. Sieg, Rheinpreußen
Nahtlose Kupferröhren
bis 2500 mm Durchmesser
Verkupferung von Walzen
Verkupferte Eisenrohre
genau rund abgedreht, bis 320 mm Durchmesser

Gewerbesalz
in jeder gewünschten Denaturierung
für Eis- und Kühlmaschinen
Siegfried Spier
Salzgroßhandlung, Duisburg.

FSC
www.fsc.org
MIX
Papier | Fördert
gute Waldnutzung
FSC® C083411

Kolibri 360 GmbH
Ferdinand-Jühlke-Straße 7
99095 Erfurt, Deutschland
produktsicherheit@kolibri360.de